ぬまがさワタリの

ゆかいな
いきもの図鑑

DX デラックス

西東社

ゆかいな いきもの ってなに？

野生のいきものは、みんな個性的。
例えば、カンガルーといえば
「ジャンプ！」いつもぴょんぴょん
とびはねて移動をします。

**ゆかいでかわいい
姿ですね。**

でも、そんな姿にも、
野生のいきものが
大自然を生きぬくための
ひみつがたくさんあるんです。

まず、カンガルーは

あしの筋肉がすごい!

つかれないし、車と同じくらいの
猛スピードでジャンプができます。
しかも、そのあしを使って
メスをとりあうケンカをしたり、
身の危険を感じたら
キックで戦ったりもします。

オスは
鋼の筋肉

さらに、ふしぎなことに

草ばかり食べています。

人間だったら肉を食べて
筋肉をつけることが多いのに、
カンガルーは植物食なのです。
これは、カンガルーの腸内細菌に、
草から筋肉のもとになる栄養素を
つくる働きがあるため。
ゆかいなだけに見えたとしても、
いきものの生態や体のつくりは、

おどろきでいっぱい!

カギ爪は
意外と鋭い

オモテのすがた

おどろきの オモテと ウラ 🔓

ギャップ…

「トラ」ってどんなイメージですか？

狩りがうまくて、かっこいい イメージがありますよね。

「カバ」ってどんなイメージですか？ 体と口が大きくて、

おとなしくて、ふだんはのんびり。

そんなイメージがありますよね。

でも、じつはトラは **狩りを失敗する** ことがとても多いし、

じつはカバは **怒るととても恐ろしい** いきものです。

みんなが知ってるいきものには、いろんな姿があるのです。
そんないきもののオモテとウラを知ることが、
そのいきものに興味をもつきっかけになるはずです。

ウワーッ（←あいさつ。）このふしぎなタイトルの本を手にとってくださってありがとうございます。作者のぬまがさワタリです。（「ぬまがさワタリってだれ？」と戸惑っているかもしれませんが、べつに知らなくても全く問題ありません。）

予想を超えて沢山の人にお楽しみいただいた『**ゆかいないきもの㊙図鑑**』が、このたび『**ゆかいないきもの㊙図鑑 DX**』に生まれ変わって帰ってきました！

オリジナル版の出版から7年（🦟）もたちましたが、数十億年にわたって進化を遂げてきた「いきもの」の歴史に比べれば、7年など（カワセミさまが水に飛び込んで出てくるまでのごとく）ほんの一瞬の出来事にすぎません。

壮大な「いきもの」の世界を探検するための**ゆかいでデラックスな図鑑**として、今もバッチリ役立つはずです！

いきものたちの「**オモテ**」と「**ウラ**」の㊙な姿を紹介していくという構成はそのままに、新しく描いた「いきもの」や、これまで未収録だった「いきもの」も潜んでいますので、お見逃しなく。おかげで合計256ページという、さらなる**ビッグボリュームな図鑑が爆誕**いたしましたが、隅々までお楽しみくださいね。

この本の見方

オモテのすがた

いきものの基本的な情報や特徴を説明するよ。

ページをめくると…！

アブォアブ

ウラのすがた🔓

今までのイメージとちがう、知られざるウラのすがたが見られるよ。

ほ乳類
26

ナマケグマ
ナマケてる場合じゃねえ

南アジアの森林に生息するクマ！

ナマケモノのように長いツメ

英語では「honey bear」とも呼ばれる。

木片を投げてハチの巣を落とす行動が由来

ツメでアリ塚に穴をあけ…

口をとがらせてストローのようにアリを吸い込む！

のんびりしていそうなクマだが…？

いきもののデータ
黒く長い毛でおおわれたクマ。森や岩穴などがあるところで暮らし、おんぶをして子育てをすることもある。夜行性でおとなしく、はちみつやシロアリなどを好んで食べるぞ。

分類	クマ科	えもの	昆虫、果実など	生息地	インド、スリランカ

1.5～1.8m

ウラのすがた🔓　ギャップ゛ー

ナマケグマは…
トラと死闘を繰りひろげる!?

ナマケグマの日常は「なまけ」からほど遠い。最強の猛獣・トラと戦うこともあるのだ!!

体長3mのインドのベンガルトラに反撃し、撃退することもあるぞ

ナマケグマを"最も危険なクマ"と考える人もいる。人間を襲う事故が他の大型動物に比べても多いからだ。

だが、その攻撃性の高さには、トラと戦わなくてはいけないという、過酷な条件も影響しているのかもしれない。

とはいえ…
ナマケグマは基本的には戦いを好まない。私たち人間の気づかないだけで、意外と友好的な出会いもあるのかもしれない。

いきものデータ	大きさ
いきものについてのさまざまな情報を、くわしく説明しています。	いきものの大きさを身近なものなどと比べてあらわしています。オスとメスで大きさの差に特徴があるものは分けてあらわしています。

分類	えもの	生息地
いきものの種類を科学的に分けたときに何のなかまかをあらわします。	紹介しているいきものがおもに食べているえものをあらわします。	いきものが生息しているおもな地域をあらわしています。

もくじ

第1章

ほ乳類
のなかま

ほ乳類のなかま

じろじろ
みんなし

ほ乳類は どんないきもの？

乳で子育てをする

おなかで赤ちゃんを育てて、出産して乳をあたえる

ウサギ

約 6500 種の なかま

ほ乳類のなかまは幅広い！いろんな場所で暮らしている

毛でおおわれている

ほとんどのほ乳類は全身に体毛がある。毛がなさそうに見えるゾウもじつは毛があるよ

まれに毛がないいきものもいる

みんなじゃないよん

ハダカ デバネズミ

飛んじゃわるい？

コウモリ
空を飛ぶもの

クジラ
海で暮らすもの

ん？

ヒト
本を読むもの

ゆかいないきもの図鑑DX

🎯イチ推し ほ乳類

カモノハシ

ほ乳類の中でも一番の変わり者。暮らし、特徴、子育て、なぞが多い、すべてがふしぎないきものだ。

くわしくは P47

キリン

くびなが アニマル

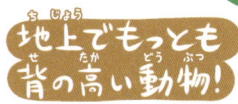
地上でもっとも
背の高い動物！

50cm以上もある
舌をのばして
高い木の葉を
食べるよ

YUMMY

日本で飼える
ペットとして
最大の動物だよ

お値段は
300万〜
1000万円
くらい
（純血種は
高い）

ツノは2〜5本
むき出しではなく
毛の生えた皮ふに
おおわれている

高い位置の脳まで
血を送るため
血圧は人間の倍以上

7個の
首の骨を
柔軟に
動かせる

人間も
7個

長〜い首の使い道は
高い木の葉っぱを食べること
くらいかと思いきや…？

いきものデータ

すむ場所によって体のもようがちがって、茶色の部分がぎざぎざの葉っぱのような、マサイキリンなどの種類がいる。長いあしには、ライオンもけり殺せる強烈なキック力があるんだ。

大きさ 4.7〜5.7m

分類	えもの	生息地
キリン科	葉、花、果実など	アフリカ

ギャップ…

キリンは…
首を使って なぐりあう!!

グワーッ

優雅にみえるキリンだが
ライバルのオス同士は
首をムチのようにしならせて
相手を攻撃する!
このあらそいを「ネッキング」と呼ぶ
(neck=首)

打撃音は
100m
はなれていても
きこえてくる
らしい…

ようやるわ

ズバン

近くに
メスがいる
ことが多い

ネッキングに負けた方は
意識不明になることも…

他にも

うしろあしのキックで
ライオンをやっつける

時速50kmで走ることもできる

ズガッ

グワーッ

ダダダダ

コーナーで
差をつけろ

ギャアアッ

意外にワイルドなキリン…その武勇伝はあとを絶たないぞ

オカピ

進化のミステリー

アフリカのジャングルにすむ謎めいた動物

コンゴの「イトゥリの森」など
に生息している

オスには
ツノがある

「森の貴婦人」
と呼ばれる
優雅な佇まい

マダム
オカピ

しりからあしの
しまもようが
独特

じろじろ
みんなし

オスですが…

シマウマを思わせる姿だが、その正体は…?

いきものデータ	アフリカの熱帯雨林や川の近くで暮らす、植物食のいきもの。群れをつくらずに1匹でいることが多い。夜行性でおくびょうな性格をしているため、人前にはあまり姿を現さないよ。

おかし
たべる?

おかピ?

大きさ　2m

分類	えもの	生息地
キリン科	木の芽、葉、実など	アフリカ中央部

オカピは…

首がのびなかった「キリン」!?

じつは、オカピはシマウマではなく…キリンに近いなかまだ！

元々オカピとキリンの祖先は、オカピぐらいの大きもだったが「首が長く」進化したのがキリン。

「首が短いまま」だったのがオカピというわけだ。

ろくろ首キリン

キリン

あって…

オカピ。

よくみると、2種には共通点が多い。

頭のツノのほかにも…

長い舌をのばして葉っぱを食べるのもそっくりだ！

うまかった

しまえてないよ！

でろろん

コビトカバ、ジャイアントパンダとともに「世界三大珍獣」と呼ばれるふしぎなオカピ。

三大珍獣

ナメんなよお

海外のSNSでは、「キリンとシマウマを交配させて作り出した動物だ！」などと誤情報を発信する人まで現れるほどだ。

オカピのふしぎさに、惑わされすぎてはいけない…

遺伝子実験モンスター!?

おかぴいだろ…

アフリカゾウ
おはなベリーロング

陸上でもっとも大きなほ乳類！

植物の根や木の皮を食べる

キバは植物の根をほったり木の皮をはいだりするのに使う便利な鼻！さまざまな使い道がある

・ものをつかむ
・水を飲む
・体に水を吹きかける
・呼吸をしたりにおいをかいだりする

ゴリ

ゴリ

がし　ず　おお　八　ふぃーん　ばしゃ

汗をかかないがサバンナは暑いので耳をパタパタさせて体温を下げるよ

耳の動きでコミュニケーションをとるという説も…

コンニチハ

おだやかでやさしいイメージのゾウだが…？

いきものデータ	ゾウは1日に食べる量がはんぱじゃない。100〜300kgの草や木の葉、果実などを食べて、190ℓの水を飲む。そして2〜3kgの大きなうんちを、1回に5〜6個、毎日10回もするんだ。

まった？　渋谷モヤイゾウ

べつに

大きさ 6〜7.5m

分類	ゾウ科	えもの	草、樹皮、果実など	生息地	アフリカ

ギャップ…

アフリカゾウはじつは…
破壊的パワーをもつ!!

てめコラーッ

オラーッ

巨体をもつゾウのパワーは
地上最強レベル!!

子ゾウをねらうライオンを
力まかせにふっとばす!

体当たりで車も
ひっくり返す!!

グシャーッ

グワーッ

車のドアをキバで
つきやぶることもできるぞ

そしてメスをめぐるオスのゾウの戦いは壮絶!

ぐぬぬ…

体やキバの大きさを比べても
決着がつかないときなどに
力比べがはじまる

ドラァーッ

鼻・キバ・ボディの
すべてを使った
激しいぶつかり合いだ

トホホ…

いちど戦いが始まればどちらかが
ボロボロになるまで終わらない…
強大なパワーをもつがゆえの
ハードな戦いなのである

ほ乳類

4

トラ
密林の王

パワフルに狩りをするネコ科最大の肉食動物！

しげみにかくれてえものに近づきするどいツメの一撃でたおす！

ブシャー

そりゃ

1匹で生活しなわばりに自分のにおいを残す

大きなキバ
肉をかみきる
するどい歯
表面がザラザラした舌

力強くえものを狩るトラだが…？

もづくろいも欠かせない

なんつーかっこだ

ペろ　ペろ　ペろ

いきものデータ

暑い地域から寒い地域まで広く生息していて、生息地によってベンガルトラ、アムールトラなど9つの亜種がいる。えものの大型動物がへるなどの影響で3つの亜種が絶滅しているんだ。

大きさ 2.7～3.1m（亜種ベンガルトラ）

分類	えもの	生息地
ネコ科	シカ、イノシシなど	ロシア、東南アジア、インド

おどろき！

トラの狩りは…
勝率5%のギャンブル!?

パワフルでかっこいいトラの狩り…
だが成功する確率はとても低い！

しんどい

ゼー
ハー

ウワーッ

ダ
ー
ツ

トラルーレット

成功率はわずか 5〜10%といわれる
まるでギャンブルのような 勝率だ

うみゃ〜

…とはいえ
1回の収穫はたっぷり！
(30kg近く食べることもある)

8日に1回ほど 狩りが成功すれば
トラは生きていけるそうだ…
勝ち目はうすいが
当たればでかい
ギャンブル！
それがトラの狩り
なのである…！

ライオン

百獣（ひゃくじゅう）キング

ＺＯＯ

すべての動物（どうぶつ）のシンボルにして
サバンナで最強（さいきょう）と名高（なだか）いネコ科（か）動物（どうぶつ）!

ネコのなかまは(トラやヒョウなど)
孤独（こどく）にくらすことが多（おお）いが
ライオンは
群（む）れをつくる

一匹（いっぴき）狼（おおかみ）

でネコ科（か）でしょ？

サバンナで
生（い）きのびるための
戦略（せんりゃく）なのだろう

オス1〜3頭（とう）
メス10数頭（すうとう）と
子（こ）どもからなる
「プライド」と呼（よ）ばれる
集団（しゅうだん）をつくる

プライドって何（なに）?

さぁ

※なぜ「プライド」とよぶのかは不明（ふめい）

グワーッ

狩（か）りをするのは
おもにメス

ゴロゴロ

一方（いっぽう）オスは1日（にち）に20時間（じかん）も寝（ね）るという…

狩（か）りもせず気楽（きらく）な生活（せいかつ）だと思（おも）うかもしれないが…?

いきものデータ

インドライオン、マサイライオンなど
いくつかの亜種（あしゅ）がいるよ。首（くび）のまわり
のたてがみは、急所（きゅうしょ）の首（くび）を守（まも）る役割（やくわり）を
もっている。理由（りゆう）は不明（ふめい）だが、ごくま
れにたてがみをもつメスもいる。

ライオンですけど

ねこ

うそつけ

大（おお）きさ 2.4〜3.3m

分類（ぶんるい）	えもの	生息地（せいそくち）
ネコ科（か）	大型（おおがた）ほ乳類（にゅうるい）、小動物（しょうどうぶつ）など	アフリカ、インド

おどろき！

ライオンのオスも…
ラクじゃない!?

NAKAYOSHI

オスとして生まれた
ライオンたちは
子どものころは
みんな なかよくくらす

だが 親ライオンが
ほかの オスライオンに 負けて
群れの王が いれかわると
前の王の子どもは 殺される

DEATH

えぇっ

親ライオンが 王のままでも
2ー3歳になると 群れを
追い出されてしまう

どうしよっかな…

今日のゴハン

狩りマニュアル

群れをはなれたオスは
放浪ライオンと 呼ばれる
王になるまでは オスは
自分で 狩りを する

放浪ライオンは 1頭ー数頭で 行動！
寿命などで 王が死んだメスだけの 群れや
ケガで弱った王のいる 群れなどを 探して
新しい王になろうと 戦いを いどむ

WIN トボ トボ

ペろ

やる じゃん

ペろ

戦いに勝って
メスライオンたちに
新しい王として認められると
ようやく えものを
メスにもらえるようになる！
交尾をして繁栄できる
チャンスを得られるのだ
（兄弟で王になることもあり
協力して広いナワバリを確保できる）

しかし王になってもゴロゴロしてばかり
いるわけにはいかない…！
ほかのオスライオンから
なわばりを守る戦いがつづく
もしも負ければ自分の子どもは
皆殺しにされ メスたちは
新しいボスにうばわれてしまう…
ライオンの群れのボスは
決してラクではないのだ…！

たのむよ
マジで

命かかって
んだからね

フレー フレー

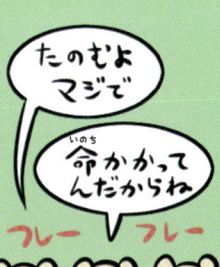

がんばれパパ

絶対に負けられない
戦いがそこにある…！

プライド
PRIDE

23

肉食ネコのなかま

にているけどちがう、いろんなもようがある!

ライオンのほかにもネコのなかまにはさまざまな
肉食動物がいる。それぞれの特徴を見てみよう!

ヒョウ アフリカやアジアに生息

林や岩場にすむ

あしは太く短い
速くは走れないが力が強い

木登りが得意!
えものを木に引きずり上げて隠すことも…

オールマイティな能力

チーター アフリカのサバンナでえものを追う

顔に独特の筋もよう

小ぶりの頭
目の位置は高い

あしは細長い

世界最速の四足動物
最高時速は110Km

ツメを奥に引っこめられない…

ジャガー アマゾン川の流域に生息するハンター

古代の文化では「夜の神」としてあがめられていた

頭は大きめ
アゴの力も強い

他のネコ科とちがって泳ぎが上手!

魚やワニや大蛇を食べることもある…!

ピューマ クーガー、マウンテンライオンとも呼ばれる

南北アメリカに生息

丸っこい頭にピンと立った耳

シカやヤマアラシやコヨーテなどを狩る

哺乳類のなかでいちばん高くジャンプできるその記録はなんと7m!

チーター

草原のスピードキング

世界最速のほ乳類!

速く走るための骨格や筋肉や器官をもち全身をフル活用してえものを追う!

頭は小さく風を切るように速く走れる

バネのようにしなる背骨

えものが走る方向を変えると尾で方向転換

大きな心臓と肺で走りに必要な大量の酸素を体内に取り込み全身に送り出す

ウワーッ

長く細い骨が衝撃を吸収し高速の走りを可能にする

心臓

肺

なんと走り出してわずか2〜3秒で最高時速110kmまで加速できるぞ!

全速力で走る「スピードキング」のチーターだが…?

ヒーター

あつい

いきものデータ	チーターは骨が軽くできていて体重は50kgほど。これはライオンの4分の1くらいだ。力は弱いが走るのが速いため、サバンナのほかのネコ科のなかまと比べても狩りの成功率は高い。

大きさ 1.2〜1.5m

分類	ネコ科	えもの	大型ほ乳類、小動物など	生息地	アフリカ、イラン

おどろき！

チーターは…

狩り以外では省エネ志向!?

チーターはふだんエネルギーを なるべく使わないことで
急激なダッシュに そなえている…という研究結果がある！

ぐで〜

1日に消費する
エネルギー量は
人間とほとんど
変わらないという

サバンナは
つらいよ

人間　チーター　リカオン

失せろ
コラーッ

チーターは走るスピードは速いが
パワーが足りない動物
と言われがちだ…

ライオンにえものを
横取りされることも…

ウワーッ

…だがそれは かむ力や
戦闘力を すててまで
（全身だけでなく
ライフスタイルまでも）
瞬間的な「スピード」に
かけているからだ！
その結果全速力でも
最大400mも走ることが可能！
速さにすべてをささげた動物…
それがチーターなのである

!?

のろいぜ

ダーッ

400mトラック

サーバル

すごーいジャンプの野生ネコ

ほっそりとした優雅な姿の野生ネコ！

ウワーッ

空中で鳥を
つかまえる
ことも
あるぞ！

えっ

大きな耳で
えもののたてる
小さな音も
のがさない！

大ジャンプで
えものを
つかまえる！

高さ2m
距離4mも
とべる

たまに目を開じて
耳をすませている

風の強い日は
（音がじゃまなので）
狩りをしないらしい

ブラックサーバル

寒い土地などで
見つかることが
ある

ニャーン

ねこ
ミミズク

夜行性なので
「ネコ科のフクロウ」
と呼ぶ人も…

そこ耳じゃ
ないでしょ

黒いので熱を
効率よく吸収できる

ペットとして
飼われることもある
美しいサーバル
だが…？

あしが長いので、背が高い草むらでも
自由に動ける。大きくジャンプするの
は、ネズミに気づかれない距離から飛
びつくからだ。フクロウというより、
キツネのような特徴が多いネコだ。

大きさ　67〜100cm

分類	えもの	生息地
ネコ科	小型ほ乳類、鳥	サハラ砂漠以南のアフリカ

リカオン

サバンナのマラソンランナー

アフリカのサバンナで暮らすイヌ科の動物!

身の程知らず
フンッ

パワー勝負ではライオンなどにかなわないがスタミナはすごい！
そのタフさはまるでマラソンランナーだ

えっほ えっほ

大きな丸い耳

ウワーッ

群れで時間をかけてえものを追いまわして
疲れたところでおそいかかり食べる！
狩りの成功率はとても高く
80％とも言われる
（ライオンは20〜30％程度）

……

なに見てろ

いきものデータ

リカオンは、えものの肉をライオンなどに横取りされないように、ものすごい速さで食べる特技がある。おなかいっぱいに食べたら子どもがいる巣穴にもどり、はきもどしてあたえるんだ。

ハイエナなの犬なの
リカオンだってば

ハイエナ
リカオン

私は柴犬

見た目が似ているためか
別名「ハイエナイヌ」とも

大きさ 75〜110cm

分類	えもの	生息地
イヌ科	大型ほ乳類、小動物	アフリカ南部

リカオンはなんと…
くしゃみで「投票」するほど社会性が高い！

リカオンのすごさはスタミナだけではない…
「社会性」がとても高いのである！
アフリカのボツワナにすむリカオンは
なんと「くしゃみ」を使って
まるで「投票」のような行動を
することが明らかになった！

投票箱

ひと狩り行く？　うーん　めんどい

リカオンは狩りの前に
「ラリー」と呼ばれる
集会を開くのだが…

賛成	反対
3	1

投票

そこにいるリカオンの
「くしゃみ」の回数で
「狩り」に出かけるかどうか
決めることがあるようだ
（単純な多数決ではない
ルールがあるようだが
くわしくはわかっていない）

くしゅん　くしゅん　え～　へぷし

こうした高度なコミュニケーション能力こそが
リカオン最大の武器！
強敵ひしめくサバンナでも生き残る方法はさまざまなのだ

①手足を狙って
動きを止める

ウワーッ

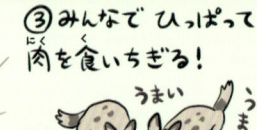

②周りを囲むように
全方向からおそう

③みんなで ひっぱって
肉を食いちぎる！

うまい　うまい

むねん

カバ
やさしいカバさん？

ゾウの次に体の大きな草食動物！

あ〜〜ん

アゴは150度も開く

すべての動物のなかでもっとも厚い皮ふをもつ

1日の大半を水中ですごすよ
水に5分間ももぐっていられる

イェーイ

ごくろーさん

みずくさいぜ

鳥に体の寄生虫を食べてもらうことも！

大多すぎない

フゥー！

のんびりしたイメージのカバさんだが…？

1日に約35kgも草を食べる！
（小学4年生の男子くらいの重さ）

いきものデータ

昼は30頭ほどの群れで川や沼ですごして、夜に上陸して草を食べるのんびり暮らしだ。なわばりをもつオスは子どもを守るときなどに攻撃的になり、ときにはワニでもかみ殺してしまう。

大きさ　5m

分類	えもの	生息地
カバ科	水辺の草	アフリカ

カバはじつは…
アフリカいちデンジャラスな動物!?

のんびりした温厚なイメージとは裏腹に
カバはアフリカでもっとも危険な動物の1種だ
実際 カバにおそわれて亡くなる人も多い

**50cmもある
長い歯!**

**1トンの
かむ力!**

**3トンもの
体重!**

さらにカバの走る速さは
40km/hといわれる!
ウサイン・ボルトのスピードを上回るぞ

Hey

Nooooooo!

力と強さをあわせもつ最強クラスの猛獣だ

シマウマ
ホワイト＆ブラック

アフリカの草原（そうげん）にすむあざやかな白黒（しろくろ）もようの馬（うま）！

シマウマは人（ひと）の指紋（しもん）のように
それぞれのシマウマごとに
ちがうシマもようをもっている

たてがみにもシマがある

ムシャムシャ

尾（お）の先（さき）は
ふさ状（じょう）

1頭（とう）のオス
数頭（すうとう）のメス
その子（こ）どもで
家族（かぞく）をつくる

前歯（まえば）で
草（くさ）をかみきり
奥歯（おくば）ですりつぶす！

じつは
タテのシマ
ではなく
ヨコのシマ
（背骨（せぼね）を
軸（じく）として
考（かんが）えるため）

シロクロなファミリー

インパクトばつぐんな白黒（しろくろ）もようの正体（しょうたい）は…？

いきものデータ

数百頭（すうひゃくとう）の大（おお）きな群（む）れで、サバンナで暮（く）らす。サバンナシマウマ、ヤマシマウマ、グレービーシマウマの3種（しゅ）がいて、どれも人（ひと）を乗（の）せるようなウマとちがって気（き）が荒（あら）いから、キックに要注意（ようちゅうい）。

大（おお）きさ 2.1〜2.4m

分類（ぶんるい）	えもの	生息地（せいそくち）
ウマ科（か）	草（くさ）	サハラ砂漠（さばく）以南（いなん）のアフリカ

おどろき！

シマウマの地肌は…
じつは全身グレー！

シマウマの白黒もようは謎に満ちている…
意外にも毛皮の下は黒っぽいグレーだ！

どうしてくれる

すまん

ちなみにシロクマの地肌も黒い

トラは皮ふもトラもよう

※ただしくはホッキョクグマ

シマウマの シマもようは なぜ シマシマなのか？
色々な説があるが最近有力になってきたのは…

「虫よけ」説

ん？

ギャー

シマシマまじムリ

病原体を
もってくるハエが
シマもようを好まないらしい

「暑さ防止」説

黒い部分と
白い部分の
温度の差が
空気のうずを生み
皮ふをすずしく保つ
実際シマウマは同じ地域の
（シマのない）ほ乳類より
体温が3度低いそうだ…

とはいえ まだ シマもようの謎は解けていない！
さまざまな可能性にみちた不思議のシマなのだ…！

ゴリラ

ジャングル マッチョ

ジャングルに生息する最大の類人猿!

ムキムキの巨体と
怪力のもち主だ
握力は500kgとも
いわれる!
人間の大人の
男性でも
47kg程度

野菜でマッチョ

植物を
どっさり食べて
筋肉質な
ボディをつくる

成長して背中の毛が銀色になった
「シルバーバック」のオスの中から
リーダーが選ばれて
群れで暮らす

ん?

背中で
語る

おれに
ついてこい

キャッ
キャッ

ワイルドでマッチョな ゴリラだが…?

いきものデータ

ゴリラにはヒガシゴリラとニシゴリラの2種類がいて、ヒガシゴリラは草が主食でニシゴリラは果実が主食だ。じつは、野生のゴリラは黄色いバナナを食べることはほとんどないそうだ。

ムキッ

大きさ 185cm(ヒガシゴリラのオス)

分類	えもの	生息地
ヒト科	草、葉、果実	アフリカ中央部

ギャップ…

じつはゴリラは とっても…

温厚で神経質な動物！

まぁ おちつけ

ポコ ポコ

ポコ

胸をボコボコと叩いて
音をだす迫力のある行動
「ドラミング」は
ゴリラの代名詞ともいえる
だが…じつはドラミングは
「いかく」ではなく
「けんかはやめよう」という
和解のサインでもあると
考えられている！

基本的に暴力を
好まない動物なのだ

ゴリラにはとても
気むずかしい一面もあるぞ

動物園などでは
ちょっとした
ストレスを
きっかけにして
ゲリになったり
落ちこんだり
してしまう

頭のよい動物だからこそ
なにかと思い悩むことも
多いのである…

みちゃダメ

みえない

ドスッ

ウワーッ

おだいじに

ギュルルル…

ヤマアラシ

おいでよ！トゲトゲの森（もり）

体（からだ）がするどいトゲでおおわれたネズミやリスのなかま！

危険（きけん）を感（かん）じるとトゲを逆（さか）だてていかくする！

ザーッ

肉食（にくしょく）の猛獣（もうじゅう）にも恐（おそ）れられている！

ぐええええ

ザマミロ
＆スカッとサワヤカ

アフリカタテガミヤマアラシ

トゲは体毛（たいもう）が変化（へんか）したものだ
長（なが）さは30cmにもなる

ぬけおちると新（あたら）しいトゲに生（は）え変（か）わる

白黒（しろくろ）のまだらもようはまわりに「危険（きけん）だ！」と感（かん）じさせる色合（いろあ）いだ

踏切（ふみきり）
カン
カン カン
さがってな

生（う）まれてすぐはトゲがやわらかいが数日（すうじつ）で硬（かた）くなる

よろ
よろ

いきものデータ

トゲは中（なか）が空洞（くうどう）で、敵（てき）をいかくするときにゆらして音（おと）を出（だ）すぞ。アメリカにも名前（なまえ）にヤマアラシとつく動物（どうぶつ）がいるけど、アフリカのヤマアラシとはまったくちがうなかまで、木（き）の上（うえ）にすむ。

すなやまあらし

だして

大（おお）きさ 60〜100cm（アフリカタテガミヤマアラシ）

分類（ぶんるい）	えもの	生息地（せいそくち）
ヤマアラシ科（か）	根（ね）、種（たね）、果実（かじつ）、死（し）んだ動物（どうぶつ）の骨（ほね）	アフリカ

なぞだらけ！

「ヤマアラシのジレンマ」なんて…

ヤマアラシは気にしない!?

「ヤマアラシのジレンマ」という言葉を
知っているだろうか…？

「ハリネズミの
ジレンマ」とも

どっちよ

ジリ…
ジリ…

ヤマアラシは
互いを温めるために近づく…
しかしトゲをもつがゆえに
近づきすぎると相手にトゲが
刺さってしまう！

なかよくしたい…

は？

…何みてんだよ

みてないし…

近づきたいのに近づけない
という心理的な矛盾…！
「なかよくなりたい」と
心では思っているのに
なかなか近づけない…という
ような心理を表す言葉だ

イチャ
イチャ

だが現実のヤマアラシは
そんなジレンマとは無縁！
トゲを立てないようにして
うまく刺さらないよう
よりそい合うこともあるようだ…

この曲
いいよね

うん

同じ種類のなかまにも
かかわらず…
いや同じだからこそ
距離感にとまどう
それは人間ならではの
悩みなのかもしれない…

ハダカデバネズミ
地下を走るヌーディスト

真っ暗な地下で暮らす毛皮をもたないネズミ！

皮ふは
しわしわ…

ハダカデバ
ウメボシ
突き出た歯は
とても敏感！
センサーの
役割も…

複雑な
地下迷路の
ような
巣穴で
暮らすよ

ひかえ
おろう

女王
王さま（えらいオス）
兵士・雑用

アリやミツバチのように
「女王」を中心にした
集団生活を送る動物！
ほ乳類としては とてもめずらしい

ガーーッ

たのしーッ

まだ？

いきものデータ

ハダカデバネズミは、すごい能力で注目されている。ひとつは、空気中の酸素が少なくても生きつづけられること。もうひとつは、年をとってもすぐには体の機能がおとろえないことだ。

大きさ　8〜9cm

分類	デバネズミ科	えもの	植物の根など	生息地	アフリカ東部

なぞだらけ！

ハダカデバネズミには…

ふとん係がいる！？

群れで生活を送るハダカデバネズミには
「女王」「労働者」などさまざまな役割があるが…
なんと「ふとん係」までいるぞ！
「ふとん係」のハダカデバネズミは
女王に子が生まれると
地面に寝そべって
子どもたちの
「ふとん」になる

ブル ブル

ふとん係の朝は遅い——

さむい〜

地下が冷えると
体の小さい子どもが
真っ先に体温を失う…！
そうならないよう
だいじな子どもたちを…
そして女王を温めるのだ

毛がないので
体温調節が
ニガテ

あったか〜い

ピョーン

子どもだけでなく
女王まで
のっかってくると
さすがに息苦しくなる
と思うかも
しれないが…

いくぞ
ものども〜

100匹のっても だいじょうぶ！

…たぶん

そこは無酸素状態で
18分も生きるといわれる
タフなハダカデバネズミ！
これくらいの重圧は朝飯前なのだろう…

ラクダ

熱砂をゆこう

6000年も昔から砂漠地域で
人間の移動手段となってきた動物！

メガ
盛り♡

水を飲まずに160Kmもの距離を歩ける

コブの中には35kgもの
脂肪をためておける！

ヒトコブ
ラクダ

直射日光を
さえぎるの
にも便利
日光がコブに
集中して
下の
体が
熱く
なる
のを防ぐよ

Rakudas

冷
（れい）

砂から
目を
守る
長いまつげ

灼熱の
砂漠でも
汗を
かかない！
水を長時間
体にためておけるぞ

ウィ〜

グイッ

そのへんにしとけ

うるせ〜

…だが飲むときは飲む
（135ℓを飲み干すことも）

FUTAKOBU

2倍だぞ
2倍

フタコブラクダは
中央アジアなどに生息

のりづらい

大きさ 3m メリーゴーラクダ

分類	えもの	生息地
ラクダ科	草、枝など	インド北部、アフリカ

じつはすごい

ラクダに乗って疾走する…
大規模レースがある！

中東諸国では
ラクダのレースが
行われている！
（競馬ならぬ「競駝」）

ラクダの走行スピードは
時速65km！
その疾走は大迫力だ

YEAH イェア

勝ったラクダや
騎手には名誉が
あたえられて
一等賞金は なんと
数億円にもなる！

グ―！

のってんじゃ
ねーっ

ラクダのオスは
発情期に攻撃的になることもあり
乗ってレースをするのは不可能に近い
たとえ飼いならされたラクダであっても
危険なレースとなるため報酬も大きいのだろう

しかし最近は
安全への配慮のため
騎手のかわりに
ロボットを乗せて走るという…

バシ
バシ
バシ

これは
これで
腹たつ

ハシレー

アカカンガルー

ジャンピング親子

オーストラリアに生息する世界最大の「有袋類」！

ピョ

力強い後ろあし！
ジャンプしながら
走るスピードは
時速70km
にもなる

カンガルー
などの有袋類は
「育児のう」
という袋で
数ヶ月間
子育てをする

ちゅぱ　ちゅぱ

袋の中に
ちくびが ある

トイレも
袋の中で
するようだ…

おむつ

1回の
ジャンプで
8mをとぶ！
高さは
2mにも

まま〜

生まれたての
子どもは
とても小さい

いちご

ぴょんぴょん はねる愛らしい カンガルーだが…？

う〜ん

草原で大きな群れをつくって暮らす草食動物だ。体の色がオスは赤くメスは灰色。オスが赤いのは、こうふんしたときにのどや胸からしみ出る赤い液で染まっているからだ。

ねぞうがわるい

大きさ 1.6m

分類	カンガルー科	**えもの**	草	**生息地**	オーストラリア

ギャップ…

カンガルーは…
「5本」のあしを使ってバトル!?

りっぱに成長したオスは
かわいらしさを失い
マッチョな肉体を得る

おねがい♡

かかってこい

カンガルーの
オス同士がくりひろげる
肉弾戦はとにかくはげしい!
かなりの武闘派なのである

ウォオオーッ

グググ

オーストラリアでペットの犬に
ヘッドロックを決めていた
カンガルーも…

ギブギブ

太い筋肉でできた尾は
全身をささえる
ことができる!
いわば
5本目のあしだ

オラッ

これにより
前あし・後ろあしを
さらに自由に
使って
戦えるぞ

特にパワフルな
後ろあしから
くりだされる
キックは強烈!

人がくらうと
致命傷になることも…!

オラーッ

グワーッ

ドスン

決してカンガルーと戦おう
などとは思わないことだ…!
だがヘッドロックを
決められた犬の飼い主は
カンガルーに逆襲したという…

ボカン

オレの犬に
手も出すな

ぐえっ

マネしちゃ
ダメよ

コアラ

ぐっすりオールデイ

オーストラリアに生息する有袋類！

日中は18時間近く眠っている

ジリリ
リリリ

あと5時間…

するどい爪で
木をつかむ

1日に1Kgの
ユーカリの
葉を食べる

およそ半年間
子どもを
「育児のう」
という
袋の中で
育てる

まま〜

うめえ〜

ムシャ
ムシャ

ユーカリの木の葉は
毒をもっているが
コアラの消化器官には
毒をとりのぞいてくれる
バクテリアがいるため
毒がきかないのだ…！

まま〜

袋から
出た後も
しばらく
母親に
べったり

はい
はい

う〜ん

行い
くよ

あと
15時間…

コアランドセル

いきものデータ

赤ちゃんがときどき、母コアラのおしりに顔を近づけてうんちを食べているけど、これは「パップ」という離乳食だ。パップを食べることでユーカリの葉を食べる準備をしているのだ。

大きさ	70〜80cm		
分類	コアラ科	えもの	ユーカリの葉
		生息地	オーストラリア

ギャップ…

コアラのけんかは…
けっこうこわい!?

とってもかわいい のんびりやさんの コアラだが
コアラどうしの バトルは意外にこわい!

アブォアブ

地獄の底からひびくような声とも言われる…

ゴェオエエ

オウブァァ

デスメタル

けんかのおもな理由は「木の取り合い」…
お気に入りの木に他の コアラが いると
ドスの きいた声で相手を「いかく」するぞ!

ウフーッ

場合によっては
ひっかいたり
かみついたりして
本格的な
バトルに
なることも!

ひぃ～ん

おとといきな

…とはいえ ユーカリを食べるのに特化した
コアラの歯は 平べったいので
そこまで大きなケガには
ならないようだ…

全治3日

いたい

いたいからねよう…

いつもねてるじゃん

カモノハシ

カモノハシ

ウソみたいな本当の動物

カモのようなクチバシに
ビーバーのような体を
くっつけたような
世にも ふしぎな 動物だ

ほ乳類なのに
タマゴを産む！
冬の寒さをしのぐため
尾に脂肪を
たくわえる

わお

発見されたのは1798年！
しかし標本はちがう動物を
つなぎあわせたニセモノ
よばわりされた

ヒドイ

ゴムの
ような
感触の
くちばしで
微弱な電流を
感じとって
えものを探すよ

生まれてきた
子は母乳で育てろ！
しかし ちくびは
ないので
赤ちゃんは
乳腺から
出る
ミルクを
なめる

!!

泳ぐときは平たい尾で方向を調整し、水かきのついたあしで水中を進むぞ。卵はウンチやおしっこをする穴から産む。何千万年も前に生きていたときから、あまり姿を変えていないよ。

ニャーッ

ウワーッ

大体ネコと同じ大きさ

大きさ 40〜60cm

分類	カモノハシ科	えもの	昆虫、エビ、貝、魚	生息地	オーストラリア

なぞだらけ！

カモノハシには じつは…

猛毒の針がある!!

毒
毒針
うしろあし

6500種類以上のほ乳類の中で
ゆいいつ「毒針」をもつ いきもの！
それが カモノハシだ…！

毒針で 刺されると
数時間〜数日に わたって
激烈な 痛みに おそわれる という！

犬1匹くらいは 軽く死ぬ猛毒だ

ウワーッ

回しげりで
相手に毒を
打ちこむ
という…

セイヤッ

毒針は オスどうしの
戦いに 使われる
（毒をもつのは オスだけ）

毒とは…
はかったな

ガクリ

オメーも
だろ

カモノハシの毒は
クモや マムシの毒にも
よくにている そうだ

あぶない
やつめ

イヤ〜

てれる
なよ

恐るべきカモノハシ毒だが
その毒の研究が難病治療のための
新しい薬をつくる鍵になる
かも…？といわれているよ

それほど
でも

ちょっと刺すだけ

目がこわい

ハァ…

ハァ…

ミナミコアリクイ
たんとアントめしあがれ

長い舌を使って1日に3千匹のアリを食べる！

口に歯は生えていない！
最長40cmになる
舌は粘液で
おおわれて
いる…

でろ〜〜

なんて
こった

アリ

視力が弱いので嗅覚でアリ塚を見つける

しっぽで
ものをつかむ
ことができ
木のぼりが得意

シュ

ウウーッ

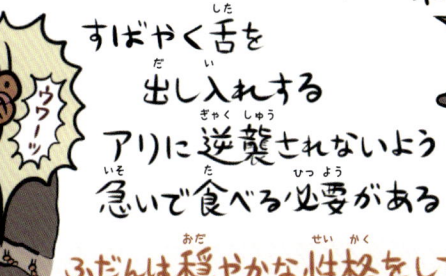

すばやく舌を
出し入れする

アリに逆襲されないよう
急いで食べる必要がある

シュ シュ

ふだんは穏やかな性格をしているが…？

ペットとして
飼われることも

ウウーッ

←アリ

チョッキを着ているようなもようのミナミコアリクイは、木の上にいる時間が長く、木の中の穴などを巣にしているんだ。生まれた赤ちゃんは、しばらくお母さんの背中にのって暮らすよ。

大きさ 53〜88cm

分類	えもの	生息地
アリクイ科	シロアリ、アリ	南アメリカ北部、東部

ミナミコアリクイは追いつめられると…
立ち上がってツメで攻撃する！

ミナミコアリクイはふだんはおとなしいが
危険がせまると後ろあしで立ち上がって
「いかく」する！

ウウーッ

ザン

カーッ

するどいツメで
天敵のピューマや
ジャガーを
返り討ちにする
こともある…！

しっぽでバランスを取る

その堂々とした立ち姿は
まさしく「仁王立ち」…！

カーッ

…といいたいところだが
実際にはちょっと カワイイ
ポーズになってしまう…
（とはいえ油断は禁物だ）

カピバラ

げっ歯類

ネズミ
リスなど…
ものを
かじる
のが得意

風流

世界最大のいやし系？ネズミ

**世界最大のげっ歯類（ネズミの なかま）！
のんびりした ふんいきが 人気の 動物だ**

おもに水辺で
暮らしているよ

オス　メス

こすっ
たろか

体は
タワシの
ような
硬い毛で
おおわれて
ぬれても
すぐ乾く

鼻の上のコブで
オスとメスを
見分けられる

太くて短いあし

おしりの近くに
気持ちいい
ツボがあるという…

シア～

ごろん

なでられると
ひっくり返って
しまうことも…

野生のカピバラは、20頭ぐらいの群れで暮らしているが、雨がとても少ない時期（乾季）になると、水がのこっている湖などに集まってくる。100頭をこえる集団になることもあるぞ。

たべないの？

たべる

大きさ　1〜1.3m

分類	えもの	生息地
カピバラ科	草、葉、樹皮、果実	南アメリカ

じつはすごい

カピバラの生活は…
いやし系とは程遠い!

のんびり いやし系マスコットな ふんいきとは 裏腹に
野生のカピバラの暮らしには 危険がいっぱいだ!

こわい

生息地の近くの
陸上では ジャガーや アナコンダ
空にコンドル、水中ではワニ…
さまざまな猛獣におそわれるリスクが常につきまとう
ゆるふわいやし系ライフとは
とても□呼べない生活だ…

ダーッ

一方で
カピバラは
意外なほどに
優秀な運動能力を
もっている!
いざとなれば時速50km
(道を走る車ぐらい速い)で走り
じつは泳ぐのも大得意である

5分間も
もぐれる

スイーーー

カピバラは
ゆるふわなだけではない…
シビアな自然界に適応した
地球最大のサバイバルネズミなのだ

ウアカリ

水没した森の赤鬼

アマゾン川の最深部に生息する小型の霊長類…!
「水没林」という水浸しの森で暮らしている

体はボサボサの長い毛でおおわれている

季節によってアマゾン川の水位が大きくかわり森林が水没する

しっぽは短い

シロウアカリ

アカウアカリ（紅白ウアカリ合戦）なんつって

植物から小動物までなんでも食べる

クワーツ

100頭近くの群れをつくって生活する

木から木へすばやく移動する

異様な姿をしたウアカリだが…?

珍しい動物いないかな

いるよ

うしろに意外と小さい

いきものデータ

ウアカリはサルのなかまで、頭に毛がないアカウアカリたちはハゲウアカリとも呼ばれる。雨期の水没林に好んですむのは大好物であるブラジルナッツなどの木の実がたくさんなるからだ。

大きさ 38〜57cm

分類	サキ科	えもの	木の葉、果実、昆虫	生息地	アマゾン川流域の森

ウアカリは…
人間によくにている!?

ウアカリの特徴は なんといっても
その赤鬼のように真っ赤な顔だ！
ウアカリは顔の表面の脂肪がうすく
血管を通る血の色が
よく見えるため赤く見えるのだ

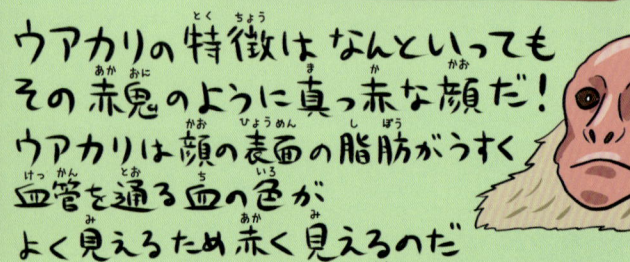

おれは髪はある

怒ウアカリ

ハハ

凹ウアカリ

☠

笑ウアカリ

☺

顔の色はウアカリの
状態を表しているといわれ
怒っているときは さらに赤く
病気の時は青白くなるという…
いわば顔色で一種の
コミュニケーションをとるぞ

怒りや喜びといった感情が
豊富なこともあって
ウアカリはそのブキミな
見た目にもかかわらず
人間とよくにている…

そのためサルを食べることはあっても
ウアカリだけは決して食べないという
民族もいるそうだ…

恐ろしげなもの 奇妙なもの…
姿も生態もさまざまだが
どこか私たちとにている
「サル」という動物…！
その世界はどこまでも
奥が深いぞ

激おこ
ウアカリ

鬼は外ー

そいつ
じゃない

びし
びし

なにすんだ
コラーッ!?

オオカワウソ

濁流にひそむ巨獣

南米に生息する世界最大のカワウソ！

ぎょろっとした目

口ひげをセンサーにしてえものを探すぞ

やわらかい体をもち力強いしっぽで上手に泳ぐ

近いなかまのコツメカワウソはそのかわいさで人気者だ

あしには水かき

ちゃぷ

……

ちゃぷ

野生のオオカワウソは世界で数千匹しかいないレアな動物だ

シャイな性格もあって見つけるのはむずかしいという

いきものデータ

オオカワウソは夫婦とその子どもからなる4〜9匹ほどの家族で暮らしている。家族の絆はとても強く、狩りやなわばりあらそいなど、どんなことも家族全員で力を合わせるぞ！

オオカワウソ

コツメカワウソ

分類	イタチ科
えもの	魚、エビやカニ
大きさ	2m
生息地	南アメリカ

オオカワウソは…
笑いながらワニをおそう!?

こわい

ウワーッ

オオカワウソの主食は
なんとピラニア!
1日に3～4kgの
魚を食べる大食漢なのだ

おどろくべきことに
凶暴なワニをおそって
食べてしまう
ことすらあるぞ!

グワーッ

家族で一致団結してワニを狩る!
9種類もの声を使い分けて
コミュニケーションを
とるという説もある…

ハハハ

ハハハ

狩りの最中に子どもの
笑い声のような鳴き声が
ひびく様子は
かなりブキミだ…

コツメカワウソ

こわいよ

食事中の
おまえも
けっこう
こわいぞ

ウギギ

ギィ～

ミツオビアルマジロ
まるまるころころ

南米の熱帯雨林や草原に暮らしている
「甲羅」のような皮ふをもつ動物

甲羅の下に空気をためて体温を保つ

視力は悪くにおいでえものを探すよ

アルマジロパーカー

危険を感じると体を丸める！

硬いウロコ状の皮ふでやわらかいおなかを守るぞ

！！ ウ ワ ー ー ッ

アルマジロのなかまでボールのように丸くなれるのは
ミツオビアルマジロとマタコミツオビアルマジロの2種のみ

カメのように硬い防御をもつアルマジロ…
動きは遅そうに見えるが…？

じゃま

いきものデータ

アルマジロのなかまは20種類以上もいて、多くは穴ほりが得意で地中に身をかくして暮らす。完全防御ができるミツオビアルマジロは、穴で身を守る必要がなく、穴をほることが少ない。

……

けられちゃうよ

大きさ 30〜37cm

分類	えもの	生息地
アルマジロ科	昆虫、ミミズ、トカゲ	ブラジル

なぞだらけ！

アルマジロは…
意外とすばやく走る！

のんびりしていそうなイメージの
アルマジロだが…その動きは
意外にも ちょこまかと
すばやい！

サカ

サカ

まるで あしだけ
早送りで動いている
ように見える

ダーーッ

サカ

サカ

サー

ッ

前あしに生えている4本のツメを
地面につきさすようにして ダッシュするぞ！

ジャガーなどの猛獣のキバでもつらぬけない甲羅に
見かけによらず すばやいスピード…
小さいながらも あなどれないタフさをもつ動物…
それがアルマジロなのだ…！

カタイ…

スーパーむかしばなし

うさぎとカメとアルマジロ

いそがば回れ

いそがば丸まれ

ゴロ

ゴロ

ホシバナモグラ
スターライトノーズ

星のような形の鼻をもつモグラ！

他のモグラのように土の中に穴をほる

うおっびっくりした

ドーモ

鼻は22本のすべての突起が感度のよいセンサーになっている
人間の手の6倍の感度

夏
↓
冬

夏と冬で尾の太さが2倍ほど変わる
寒さに備えて脂肪をたくわえているのだ
目はあまりよくないが
鼻でまわりの土を連打しながらえものを探すぞ！
その速さは1秒に12回

ダダダダ
ミミズ
ウワーッ

いきものデータ

日本のモグラよりも体が小さく、すみかのトンネルも浅い場所につくる。鼻の突起は触れてえものがわかるだけでなく、弱い電気も感じることができ、かくれているえものを探し出せる。

どやっ

みえない

大きさ 9〜12cm

分類	えもの	生息地
モグラ科	ミミズ、ヒル、水生昆虫	北アメリカ北東部

ふしぎ！？

ホシバナモグラは…
スイスイ泳ぐ！

ホシバナモグラの狩りのフィールドは
地中だけではない…！　なんと水中も
スイスイ泳ぐことが
できるのである！

ゲコ

？

30種類以上いる
モグラのなかまのなかで ゆいいつ
湿地や沼にすむモグラなのだ

ドロヌマモグラ

鼻ちょうちんにも にた
あぶくを出したり
吸い込んだりすることで
水の中にただよう
えものの「におい」を
探すという説も…！

ぷく〜

!!

ウワーッ

恐怖！水中エイリアンモグラ

魚にしてみれば
ホラー映画のような
恐ろしさかも
しれない…！

キタオポッサム
死んだふりだよ

アメリカ大陸に生息する「有袋類」のなかま！

コアラや カンガルーと
同じ なかま

オポッサムも
木のぼりが得意

うんちしたい

やめて

「死んだふり」が
得意なことで有名！
白目をむき 舌を出し
悪臭のただよう液で
「死臭」まで演出する
徹底っぷりだ

し…死んでる

ダダァーン

相手がおどろいて
いるすきに
逃げるチャンスを
ねらうのだ

死んでる!?

死んでまーす

いきものデータ

オポッサムのなかまは87種もいて、いちばん有名なのが北アメリカにすむキタオポッサムだ。雑食でなんでも食べるいきものなので、町に現れてゴミを荒らすこともあるそうだ。

大きさ
33〜55cm

こあら

死んでる…!

死んでまーす

分類	えもの	生息地
オポッサム科	小動物、果実など	北アメリカ〜中央アメリカ

オポッサムの…
子育ては大変！

オポッサムは「コモリネズミ」という
異名をもっている！
それほどオポッサムにとって
「子守（＝子育て）」は大変なのである
母親の妊娠期間は
たったの12〜14日！
生まれた赤ちゃんは
「育児のう」という
子育て用の
袋まで
がんばって
進む

一度に20匹も子どもが生まれることも…

背負って歩く
母親オポッサム
ヒィ〜

だが乳首の数は
限られているため
実際に生き残るのは半分程度…
子どものころから
「死」ととなり合わせの
オポッサムだからこそ
死んだふりが
得意なのかもしれない…

ネズミじゃ ないっての

おこッサム

がーん ばれ〜

うるさい

生まれたばかりの
子どもはミツバチ大

たどり着けず
死ぬ子もいる…
天にクロッサム

ウワーッ
ころん

落っこッサム

疑問を
さしはッサム
いばッサム

その通り
えっへん

それは
どっかな…

ナマケモノ
スロースーパースロー

フタユビ
ナマケモノ

世界一動きのおそいほ乳類！

長いかぎづめで
枝にしがみつく

1日20時間
ねむる

フタユビ

ミユビ

ツメの数で
見分ける

今日15時間しか
ねてねーわー

ねてない
アピール

たべるのめんどい

エネルギーの消費を
おさえるために
食べたものの消化も
ゆっくりだ…
平均で16日かかる

毛が逆立っていて
雨でぬれても
水滴はすぐ
流れおちるぞ

水もしたたる
ナマケモノ

動きがおそいとすぐつかまって
食べられてしまいそうだが…？

いきものデータ

ナマケモノのなかまは中米から南米の森に6種いる。毎日木の上でだらだらしているけれど、うんちやおしっこをするためにしかたなく、週に一度だけは地上に降りるんだ。

意外に泳ぎがうまい…

大きさ　70cm（フタユビナマケモノ）

分類	ナマケモノ亜目	えもの	木の葉など	生息地	中央〜南アメリカ

おどろき！

ナマケモノはじつは…

おそすぎて逆に見つかりにくい!?

GREEEN

体毛に藻のような
バクテリアがぎっしり
すみついているため
体が緑色になっている
ナマケモノもいる…

天敵 オウギワシ

おそい動きも
あいまって
森の緑に
まぎれる
効果はバツグン！

どこだコラーッ

ナマケモノのふさふさした毛の間には
たくさんのいきものが すんでいて
まるで小さなジャングルのようだ…
動きがおそいうえに
毛づくろいもしない
ナマケモノは
動物の体に寄生して
生きるものたちには
絶好の「すみか」である
おかげでナマケモノ本人も
きびしいジャングルを
生きのびられるというわけだ…!

わーい

ワイ ワイ
ガヤ ガヤ

わーい

うるさい

ナマケグマ
ナマケてる場合じゃねえ

南アジアの森林に生息するクマ！

英語では「honey bear」とも呼ばれる。

ナマケモノのように長いツメ

ツメでアリ塚に穴をあけ…

木片を投げてハチの巣を落とす行動が由来

ウメェウメェ

目ヤバ！

ちゅうちゅう

ウワッ！

口をとがらせてストローのようにアリを吸い込む！

どりゃあ

！！

のんびりしていそうなクマだが…？

いきものデータ

黒く長い毛でおおわれたクマ。森や岩穴などがあるところで暮らし、おんぶをして子育てをすることもある。夜行性でおとなしく、はちみつやシロアリなどを好んで食べるぞ。

大きさ 1.5～1.8m

分類 クマ科　えもの 昆虫、果実など　生息地 インド、スリランカ

ナマケグマは…
トラと死闘を繰り広げる!?

ナマケグマの日常は、「なまけ」からほど遠い。
最強の猛獣・トラと戦うことも あるのだ!!

体長3mの
インドの
ベンガルトラに
反撃し、
撃退する
こともあるぞ

ゴ ゴ
ブ
ゴ
ブ ゴ

ナマケグマを「最も危険なクマ」と
考える人もいる。人間をおそう事故が
他の大型動物に比べても多いからだ。

だが、その攻撃性の高さには、
トラと戦わなくてはいけないという、
過酷な条件も影響しているのかもしれない。

おぼえ トラ〜

とはいえ…
ナマケグマは
基本的には
戦いを好まない。
私たち人間が
気づかないだけで

やだあクマ

ケンカじゃ
なかった

げんき?

意外と友好的な 出会いも あるのかもしれない。

ジャコウネコ
かぐわしニャンコ？

ドモ…

**インドや東南アジア・アフリカなど
さまざまな地域にすむ動物！**

森や高山で暮らしている

野菜や果物を食いあらす
害獣として知られる
ハクビシンも
ジャコウネコのなかま

マレージャコウネコ

夜行性であり
ほとんどの時間を
木の上で過ごす

よう

おう

マンゴー
パパイヤ
バナナなど
果物を
食べる

おしりの
近くにある
「臭腺」から
よい香りの
もととなる
物質を出すよ

香水の原料にもなり
これが
ジャコウ（麝香）ネコ
の由来となった

ネコ・シャネル

NECO

なんか
イヤ

アフリカ
ジャコウネコ

その分泌物にはまさかの使い道が…!?

や～～

くんくん

ヨーロッパ南部のヨーロッパジェネット、アフリカにすむアフリカジャコウネコなどのなかまがいる。あしのうらを半分ほど地面につけて歩くので、つま先歩きのネコとはちがうぞ。

ネコとはあまり似ていない…

大きさ 40〜70cm

分類	ジャコウネコ科	えもの	果実、トカゲなど	生息地	インド、東南アジアなど

ジャコウネコのウンチから
コーヒーができる!?

¥8000

世界一高価なコーヒーと言われる「コピ・ルアク」…
喫茶店で飲むと一杯8千円することも！
この超高級コーヒー豆…
じつはマレージャコウネコのウンチから
取り出したものなのだ！
もともとジャコウネコの分泌物は
オスとメスがひきあうために使う
フェロモンのようなものだと考えられている
刺激のある匂いなので
そのままでは使えないが…？

え～

ポポポ

コピ・ルアクのつくり方

1) マレージャコウネコに
コーヒーの実を食べさせる

ムシャ
ムシャ

うまいか

ウンチ

完成！

2) コーヒー豆を未消化の
状態でウンチさせる

こういう形
じゃないの

3) コーヒー豆を
ウンチの中から
集めて洗う

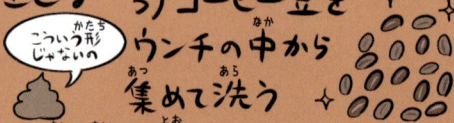

KOPI
ルアク
LUWAK

100g
1万円…!
まんえん

ジャコウネコの体内を通るうちに
分泌物が豆にしみこんで
独特の香りがうまれるということだ…

う～ん

これとよくにた方法で
ゾウのウンチから取り出した
高価なコーヒーもあるらしい
好奇心旺盛な人は
試してみるのもいいだろう…

深みのある味わい…

自分で
のむの？

アイアイ
おさるさんだよ！

南の島（マダガスカル）にすんでいる
童謡でもおなじみの サルのなかまだよ！

マダガスカル
アフリカ

大きな お耳

まんまる おめめ

ネズミやリスの ような するどい 前歯がある

クルミの 3倍ほど 皮のあつい ラミーという 実を食いやぶる

ガリ
ガリ

長い中指で 木をたたき 虫を探す

長い しっぽ

熱帯雨林の木の上で暮らしているぞ

見つけたら 指で引っぱり出す

だれかいますか〜

トン
トン

いません

あ〜ん

ウワーッ

アイアイという名前は、鳴き声からついた。長い指からユビザルとも呼ばれるぞ。活動するのは夜だけで、昼間は木の上の巣のなかで眠っている。1頭で生活し、群れはつくらない。

マイマイ→
マイマイ
（かたつむり）
うるさい

大きさ 36〜44cm

分類	えもの	生息地
アイアイ科	果実、昆虫	マダガスカル島

アイアイはマダガスカルでは…

悪魔の使いだよ！

DEVIL

かわいいイメージのアイアイだが
生息地のマダガスカルでは
「悪魔の使い」として恐れられている…

ウケケケケーッ

Aye Aye

たしかにぎょろりとした目や巨大な耳
異様にのびた指が「悪魔」のすがたを
連想させるのもわからなくもない…
実際にココナッツなどの作物を
あらされることもあり
きらわれているという

悪魔だ!!

おさるさん
だよ〜

だが「見つけたら殺してうめないと
不幸がおとずれる」という言い伝えのため
一時期は絶滅の危機も！
かわいい童謡はそうした場所でこそ
広まるべきなのかもしれない…

あく魔のはか

ひどいゝ

結局かわいいの？
かわいくないの？

おさるさん

あいまい

アイマイ

マイマイ

ジャイアントパンダ

愛されモノクロ巨大熊

動物園の人気者！竹を食べて暮らす大きなクマ

1日に
14〜16時間ほど
竹を食べている

発見されたのは
レッサーパンダの
方が先だ

せんぱい
だぞ
コラ

もともと「パンダ」は
レッサーパンダをさす言葉

スケジュール

（竹・ねる・竹・笹・ねる）

「6本目の指」とも
呼ばれるでっぱりで
上手に竹をつかむよ

動物園の
パンダは
中国からの
レンタル

1年1億円

赤ちゃんは

まいど

だんだん白黒に

なっていくよ

死ぬと
罰金5千万円

いきものデータ

動物園ではおなじみだが、野生のジャイアントパンダがいるのは中国四川省の山岳地帯だけ。白黒の特徴的な体色は、雪が残る山の斜面ににせて身をかくすためという説があるぞ。

ヨー
YO

大きさ	1.5〜1.8m				
分類	クマ科	**えもの**	竹	**生息地**	中国

ギャップ…

パンダはじつは…
肉も食う!!

中国の四川省などの地域では
野生のパンダに家畜のヒツジや
ヤギがおそわれて
食べられてしまう事件が起きている

你好 ニーハオ

かわいい子羊

ウワーッ

パンダといえば
草食のイメージが強いが
実際は肉も消化できる
雑食の動物なのだ

VEGETABLE ベジタブル

MEAT ミート

……

そんな目でみるなよ

パンダは競争の少ない
笹や竹を食べられるように
進化した…とはいえ
食べられるものはなんでも
食べる「クマ」なのである

イノシシ

猪突猛進？

高い身体能力をもつパワフルな動物！

発達した筋肉をもち森林を時速45kmでかけぬけるぞ

嗅覚も優れている

数kmほどなら海を泳いで渡ることもできる

ブゴ ブゴ

キバは一生のび続けて口をとじてもはみ出るほど…

あしの先には2本指のほか左右にもう2本ヒヅメがあり坂や岩場ですべるのを防ぐよ

「猪突猛進」の言葉通り強烈な突進力をもつ！野生のイノシシにむやみに近づくのは危険だ

ウワーッ

一度走り出したらだれにも止められない…？

体型がウリににてるので子どもはウリボウと呼ばれる

よしよし

そっちじゃない

ウリ

いきものデータ

日本にはニホンイノシシと、沖縄のリュウキュウイノシシがいる。野山を走りまわるイメージが強いけど、育児をするときは土をほって浅い穴をつくり、草や枝をしいた巣で生活するよ。

大きさ	90〜180cm

分類	えもの	生息地
イノシシ科	果実、草、小動物など	日本、ヨーロッパなど

おどろき！

イノシシは…
急ブレーキや方向転換もできる！

だれにも止められなさそうな勢いで
猛ダッシュしてくるイノシシ…
だがイノシシに向けて
カサを広げると…？

ドドド
バン
キキイイイーッ
!?
ウワーッ
ほっ

おどろいて急ブレーキをかけて
逃げ出していくこともあるという…
「猪突猛進」なイノシシも
場合によってはブレーキをかけたり
方向転換をしたりするのである

だが逆に言えば柔軟に方向を変えて
ダッシュできるということでもある…！

JUMP
ウワーッ

止まった状態から
垂直跳びで
1メートルも
大ジャンプする
こともできるという

やはり野生のイノシシには出会わないに
越したことはないだろう…

そっとしといて

タヌキ
となりのぽんぽこりん

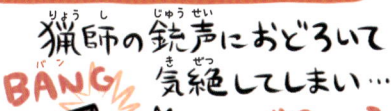

昔から日本人の近くにすんでいるほ乳類だ

ふだんは森林で生活している

昔話や童謡や落語などによく現れることからも日本文化に深く根づいた動物であることがわかる

猟師の銃声におどろいて気絶してしまい…

BANG

バターン

あとでめざめて逃げ出すことがあり「狸寝入り」の由来となった

カチ
ボォォォ
ほろびよ
？
ほろびよ…
カチ
衣
カチカチ山
ズブズブ
ウワーン

ロクな目にあわないことも多い…

都会でもまだ見かけることがある…

うまそ

日本人には親しみやすいタヌキだが…？

どこがたぬき？

たぬきうどん

いきものデータ

雑食性でなんでも食べるが、昆虫や果物が好物。おもに夜に活動をして、夏には大好物のカブトムシをねらうぞ。ため糞といって同じ場所にうんちをする習性があり、なわばりを主張する。

大きさ 50cm

分類	えもの	生息地
イヌ科	昆虫、果物、小動物	日本、東アジア

おどろき！

タヌキは…

世界的にはとってもめずらしい！

世界タヌキMAP

タヌキは日本では
なじみ深い動物だが
世界的に見れば
東アジアの
一部にしか
生息しない
とても珍しい動物だ

タヌキは
英語では
「Racoon dog」
アライグマイヌ
「ほえない犬」
とも呼ばれる

Racoon
アライグマ

Dog
イヌ

Racoon dog
アライグマイヌ

やめい

タヌキ
だっての

日本とシンガポールの間で行われた
「動物交換プログラム」では
なんと世界三大珍獣の
「コビトカバ」と
交換してもらえたぞ

どうぶつ
トレーディング
カード

タヌキ
ぽんぽこりんな
かわいいどうぶつ

コビトカバ
ふつうのカバの
3分の1の大きさの
めずらしいカバ

気候のちがうシンガポールでも
犬と同じような世話をすれば
暮らしていけるというのだから
さすがのたくましさである…

ようこそー

なにぃ
ぷんの

シバイヌ

茶色のベストフレンド

とりわけ日本で幅広く愛されている犬種だ

落ちついた性格で主人にはとても忠実！

枯れた柴の木のような色が名前の由来？

しば→

Shiba Inu と呼ばれ海外人気も高い

PARIS

日本では古くから狩猟犬として親しまれていた

縄文時代の遺跡からシバイヌの祖先の化石も見つかっている

ウワーッ

いきものデータ

運動が得意で日本犬のなかでもっともたくさん飼育されている。毛色が真っ白な柴犬もいるぞ。渋谷駅にある銅像のハチ公は、外見がにているが柴犬よりも大きく、犬種がちがう秋田犬だ。

イヤ〜行きたくな〜い

さんぽさんぽ

大きさ 40〜45cm

分類	えもの	生息地
イヌ科	肉、人工フードなど	日本

🔓 じつはすごい

シバイヌはじつは…
オオカミのDNAを色濃く残すイヌ!?

さまざまな犬種の
DNAを調べた結果
いくつかの犬種が
祖先のオオカミの
遺伝子を多く受け継ぐ
「オオカミ系」だと判明!

イェーイ

シベリアン・ハスキー

ズッ友

そしてシバイヌは
「オオカミ系」の犬の中でも
とりわけ
オオカミのDNAを
色濃く残している
ことが明らかに
なったのである!

あれ!?

オオカミ
こども

ママー

ん？

ちなみに「チャウチャウ」も
シバイヌと同じくらい
オオカミのDNAが多いようだ。
DNAというのは見た目では
わからないものである…

チャウチャウ

結局…
見た目と
ちゃうんちゃう

ネコ

宇宙一の愛され動物

もっとも人間に愛されている いきものといっても過言ではない動物…それがネコだ

ペットのネコたちは種としては「イエネコ」と呼ばれる

「リビアヤマネコ」が直接の祖先らしい

おたべ

ウワーッ
ネズミ

9500年前に西アジアの人々が飼い始めたとされ今ではさまざまな品種が生まれている

なにコレ

ツメは自由に出し入れできる

全身の筋肉がやわらかく高い場所から落ちてもストンとあしから着地できるぞ

三つの毛色をもつ「三毛猫」には意外なひみつが…？

ウワー 大丈夫だった 10点

スタッ

イエネコの品種は50種類をこえているという。ネコの舌は表面がザラザラしているので、毛づくろいが上手にできる。野生のネコのなかまもほとんどみんなもっている特徴なんだ。

大きさ	40〜50cm		
分類	ネコ科	えもの	人工フードなど
生息地	世界中		

じつはすごい

三毛猫のオスは…

とっても高価!?

日本人にはなじみ深い三毛猫…
しかし三毛猫のオスは
とても めずらしいとされる!
オスが生まれる確率は
3万匹に1匹(0.003%)
と言われることも!

ペろ

ペろ

じ…

どっちかな

オスかメスか

2000万
でました

はやくして

なんでも
いいから

222

毛の色が三毛猫柄になる
遺伝子の組み合わせのときは
ふつうはメスが生まれるため
突然変異などがなければ
三毛猫は基本的にメスなのである

アメリカのオークションで
オスの三毛猫が2000万円で
取引されたことも
あるそうだ

フン

頭が
高いぞ

三毛猫
より
安くない?

1000万円

ちなみにもっとも高価なネコは
「アシェラ」と呼ばれるネコ!
その値段は通常800〜1380万円!
だが野生の血が濃いため
しつけがうまくできなかったり
凶暴に育ってしまうこともあり
あまり飼育には適していない…

2000万円

アマミノクロウサギ
アテンぴょん・プリーズ

奄美大島（あまみおおしま）と徳之島（とくのしま）だけにすむ珍（めずら）しいウサギ！

ほかのウサギと比（くら）べて耳（みみ）やあしが短（みじか）い原始的（げんしてき）な体型（たいけい）

「生（い）きた化石（かせき）」と呼（よ）ばれる

ダイナぴょん

奄美（アマミ）の黒兎（クロウサギ）vs 因幡（イナバ）の白兎（シロウサギ）

まて～
イェイ
ん？

自分用（じぶんよう）とは別（べつ）に、子（こ）ども用（よう）の巣穴（すあな）をつくる

昔（むかし）は貴重（きちょう）な栄養源（えいようげん）だった

ねないとヘビがくるよ

天敵（てんてき）・ハブから身（み）を守（まも）るため？
きちゃった♡

「落（お）ち葉（ば）のにおいがしてあまりおいしくなかった」とのコメントも…

くわんぞ

甘味（あまみ）のクロウサギ

いきものデータ

日本（にっぽん）の特別天然記念物（とくべつてんねんきねんぶつ）にもなっているウサギのなかま。動（うご）きがあまりすばやくないため、車（くるま）にひかれることがあり、生息地（せいそくち）には「ウサギとびだし注意」の看板（かんばん）があるぞ。

大（おお）きさ	40〜50cm	
分類（ぶんるい）	ウサギ科（か）	
えもの	草、木の実（くさ、きのみ）	
生息地（せいそくち）	奄美大島、徳之島（あまみおおしま、とくのしま）	

アマミノクロウサギは…
「裁判」を起こした初のウサギ！？

どうぶつ裁判！？

いぎ アリ‼

1995年、「いきもの」が原告となる日本初の裁判が話題となった。

「原告」（訴訟を起こす人）はアマミノクロウサギや、奄美大島の動物たちだ！

ルリカケス、アマミヤマシギ オオトラツグミも！

…とはいえ、もちろん動物たち自身が裁判を起こしたわけではない。

生息地に悪影響を与えうるゴルフ場の開発を防ぐため地元の住民が訴えたのだ。

裁判で勝つことはできなかったが…

あまみの ゴルフ場

うさぎにかわって断固阻止！

NO ゴルフ場　HELP

動物や自然の「権利」という重要な問題に光を当てた。

その後、ゴルフ場の計画はなくなり、「クロウサギの裁判」は、法律に関わる人々の間で、今も語り継がれている。

いつの日か…？

勝訴

スローロリス

愛くるしい瞳

つぶらな瞳がたまらなくかわいいサル

サルの中でもキツネザルや アイアイに近い

樹液が
おもな
食べもの

ぺろぺろ

んマ〜〜

枝にぶら下がって
いることが多い

まーて〜

のろ のろ

スローライフ

名前の通りとても
スローに動く

レディ・ガガに
ペットとして
愛されており
ミュージックビデオで共演する
予定だった…のだが…？

ぶらーん

コウモリの
ように
後ろあしだけでも
ぶら下がれる
（どちらも夜行性）

いきものデータ

スローロリスのなかまは世界に5種いて、どの種も絶滅が心配されている。遠くまで見える大きな目でえものを見つけて、ゆったりとした動きで相手にばれないように近づいてとらえるぞ。

大きさ　30cm

分類	ロリス科	えもの	樹液、花のみつ、昆虫など	生息地	東南アジア

スローロリスはじつは…
だ液に毒をもっている！

なんとスローロリスは ゆいいつの「毒をもつサル」なのだ！

うでのリンパ腺から出る液をなめてだ液に毒をもたせるぞ！

バァーーン

POISON

ペロ

ペろ

いかくのポーズ

さらに全身をペロペロなめることで体を毒まみれにして外敵から身を守る

なのでかまれるともちろん危険だ！

ガブリ

U

！！

やっちまった

いくぞ

レディ・ガガもかまれてしまいスローロリスの ビデオ出演は取りやめとなったという…

テングザル
ジャングル天狗

東南アジア・ボルネオ島の熱帯雨林で暮らすサル！

川の近くで暮らしているよ
（猛獣対策らしい）

ウンピョウ

188種類もの植物を食べる

おいしいヘルシー

植物の消化に適した胃をもつが甘い果実を食べると胃の中で発酵しすぎて死んでしまうこともあるとか!?

オスはまさに「天狗」のような大きな鼻が特徴だ
大きいほどモテる

SARU 4
激モテ！オシャレな鼻アクセ！

ぽこんとふくらんだたいこ腹

他のサルが食べない葉や熟していない果実を食べることで食料をめぐる争いを さける

平和主義的でのんびりしたテングザルだが…？

おなかが大きいのは、長い腸があるからだ。そのため消化の悪い木の葉も栄養にすることができて、だれも食べることがない木の葉をひとりじめでき、食べものにこまらないのだ。

ハァ～～
うごけねえ…

テングザルをダメにするクッション

1日の約8割は休んですごす

分類	オナガザル科	えもの	木の葉、果実	生息地	ボルネオ島

大きさ 70cm（オス）、60cm（メス）

ふしぎ！？

テングザルは…
ワニのいる川を泳いで渡る！

テングザルは意外にも泳ぎがうまい！
サルの中でも屈指のスイマーだ

ウ
オ
オ
オ

オオオ

オ

高さ20mの木から
川に飛びこむ！

手には水かきもある

泳いで広い範囲を移動することで
より多くの食料を得られるのだろう

ウオオオ

ウオオオ

水中でワニやニシキヘビに
おそわれるリスクをおかしてでも
泳いで移動することを選んだテングザルたち…
その姿は勇猛果敢に映らないだろうか…？
やるときはやるサルなのである

ウオオオオ

天狗っていうか
カッパじゃね

思った

ラッコ

ぷかぷかうかぶよ

北米やアジアの太平洋に生息するほ乳類！

ホタテやカニやウニなど
かなりグルメな
食生活を
おくる

ラッコ
海鮮丼
おまち

ドン

海底から
貝をとってきて
石にたたきつけて
食べるよ

ウワーッ

ガン ガン ガン

保温と防水に
すぐれた毛皮

子どもを胸に
のせて
子育て
する

足には
水かき

お気に入りの
石は大事に
身につける

石をしまっておく
ポケットもある！

このへん

**水面にぷかぷか浮かびながら
のんびりと生活しているようにみえるが…？**

いきものデータ

海にすんでいるけどイタチのなかまで、ウニや貝が大好物。とても大食いなので、1日に体重の4分の1ほども食べる。日本でも北海道の根室半島などで野生のラッコが見られるぞ。

もう これで いっか…

大きさ 1.2〜1.5m

分類	えもの	生息地
イタチ科	魚、貝、ウニ、甲殻類	北太平洋

おどろき！

ラッコの水上生活は…

命がけ！

水にぷかぷか浮かぶラッコの暮らしは
いっけん気楽そうだが…じつは命がけの生活だ！

ねている間にうっかり
潮に流されないように
コンブにからまって
命綱にする

セーフティ・コンブ

ウワーッ

またラッコはいつも毛皮をきれいに保つ必要がある

かかせ
ない

ねっしんな
ことで

毛の間にたまった空気が
水に浮かぶために必要な
「浮力」のもとになるぞ

毛づくろいを
サボれば
おぼれたり
凍死したり
する危険も…

ウワーッ

ゴボ

ゴボ

みた
ことか

さらに最近は（エサとなる
他の動物が減ったため）
シャチがラッコを
おそうことも
あるという…

のんびりしていそうな
海の暮らしも実際は
ハードライフなのだ…！

ウワーッ

仁義なき
大海

ヒョウアザラシ

零度のペンギンキラー

南極にすむ肉食アザラシ！

するどい歯で
肉を切りさく
シャーッ

ヒョウアザラシ同士で
えものをうばいあって
あらそうこともある

グギギ・・・

よこせー

しとめた
ペンギンや
オットセイなどの
えものを
海底にかくして
保存することも・・・

ペンギンだけでなく
オットセイの子どもも
捕まえて食べる！

グフーッ

**人間をおそって海に引きずりこむ
こともある危険生物だが…？**

いきものデータ

南極海ではほぼ敵がいないため、なんでも食べる。忍びよって岩のすき間にかくれた魚をねらったり、積極的に泳いでペンギンなどを追いかけまわしたり、狩りの仕方もいろいろある。

**ヒョウの
2倍くらい**

大きさ 2.4〜3.4m

分類	えもの	生息地
アザラシ科	エビ、魚、海獣、鳥など	南極海

おどろき！

ヒョウアザラシが…

人間にえものをくれたことがある！

あるダイバーが南極で水中撮影をしていると
ヒョウアザラシが出現！
凶暴さで有名な
ヒョウアザラシの
突進に
ダイバーは
震え上がった！

!!!

ゴォォォ

だがなんと その
ヒョウアザラシは
ダイバーに
えもののペンギンを
分けあたえてくれた！

たべな

ども…

ダイバースーツを
着た人間が
おなかをすかせた
なかまのように
見えたのだろうか…？

せっかく
あげたのに

ぷい

相手がペンギンを
食べないとわかると
愛想をつかして
行ってしまったという…
極寒にすむ情け容赦ない肉食アザラシの
意外なあたたかみを感じられるエピソードだ

← 食べやすい
ハーフサイズ

ゴマフアザラシ
およげ、ごま！

北半球に生息するアザラシのなかま！

長いヒゲで周囲を探る

まるい正面

「胡麻斑海豹」の名前通り「ごま」模様の黒い斑点が特徴だ

ごまふプリン

水中では鼻の穴を閉じる

冬から春にかけて流氷の上に乗って移動し子育てをする

ウフーッ

赤ちゃんは白い体毛

水族館の人気者・ゴマフアザラシには意外な特技が…！？

いきものデータ

日本でも見られるアザラシで、冬になると北海道の稚内には数百頭のゴマフアザラシがやってくる。赤ちゃんの白い毛は生まれたてだけで、数週間で毛が生え変わりゴマ模様になるよ。

ゴマフープ

大きさ 1.6〜1.7m

分類	えもの	生息地
アザラシ科	魚、イカなど	北太平洋、日本など

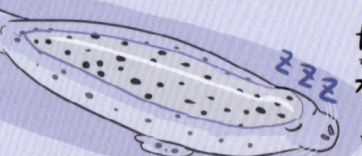

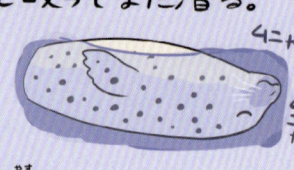

おどろき！

ゴマフアザラシは…

睡眠しながら スイミング!?

ぷかぷかと水に浮かびながら 気もちよく眠るアザラシ…

だがよく見ると 鼻も口も 水面下にしずんでいる…!?

ZZZ

ZZZ

こんな状態で眠ったら おぼれてしまわないのだろうか？

DIVE!!

なんとゴマフアザラシは30分以上も 息つぎなしで水に潜ることができる！ 潜水中のゴマフアザラシの心拍数は 20回/分まで急激に減る （人間の心拍数は通常60〜70回/分）

これによって長時間の潜水が可能になるぞ

息つぎが必要になったら 起きて水面に顔を出し 空気を吸ってまた潜る。

すっぽり

穴にハマってさかだち…

フシューッ

4ニャ

4ニャ

すごいポーズで休んでいる ゴマフアザラシを 水族館で見かけても おぼれる心配は無用だ…

スヤ…

底でねる…

したたか

40

マナティー

静かなる水の巨獣

水中をゆったりと泳ぐ大きな体の動物!

鼻面にヒゲが
たくさん生えている
このヒゲで
食べものを区別したり
さわったりする

尾びれの形で
みわけよう!

ジュゴン

イルカと
にていろ
速く泳げる

マナティー

うちわのような形
スピードは出ないが
小回りがきく

おもに
水中の
植物を
1日に自分の体重の
1割ほど(数十kg)も
食べるという…

もり

もり

水の中にすむ
ほ乳類で
草を主食に
するものは
めずらしい

人魚のモデルになったとも言われるマナティーだが…?

いきものデータ

マナティーは数千万年前からいる動物だと考えられている。今はもう絶滅してしまったが、体長が8mにもなるステラーカイギュウという大型のなかまもいたぞ。

マナT.

大きさ 3m

分類	マナティー科	えもの	水辺の草	生息地	カリブ海沿岸やその河口

じつはマナティーは…

ゾウに近いなかま!?

人魚伝説のモデルになるほど優雅に泳ぐマナティー…
アザラシやイルカとにた部分も多いほ乳類だが
実際にはなんと「ゾウ」に近いなかまだ！

大昔にハイラックスという
小さなゾウの
なかまから
枝分かれしたという

ハイ

マナティーのひれの形は
ゾウによくにているが
進化のなごりだろう

のし　のし

ひれのツメを使って
海底を歩いて移動できる

マナティーは巨体を保つために
大量の水草を食べる必要があり
水草に含まれる酸や
いっしょに口に入れてしまう砂のせいで
いつも歯がすり減ってしまうそうだ…
だが新しい歯が生え続けるため
歯がなくなる心配はないぞ

ムシャ　ムシャ

すり減った歯は自然に抜けおち
奥の歯が前に押し出される

この特徴をもつほ乳類はとてもめずらしく
ゾウ、カンガルー、そしてマナティーだけだとも言われる…

人魚のように優雅に舞い
ゾウのようにたくさん食べる…
優雅さと貫禄を合わせもつ
マナティーは海の神秘に
満ちた動物なのだ

もり　もり　もり

ゾウ　マナティー　人魚
大食い選手権

シロナガスクジラ

地球史上最大の動物！

世界で最大…それどころか地球の歴史上でもっとも大きな体をもつといわれる動物だ！

その全長は約25m（最大で30mをこえるものも）
重さは200トンにもなる途方もない巨体だ

漢字で
白長須鯨
水上からは白く
見えることが由来

Q なんで史上最大ってわかるんですか？

こんな犬もいたかもよ
でーーん

いないよ
ピラミッド

A
陸上生物（恐竜など）は
体が重すぎると生きていけない…
水中でも食料が足りなくなって
巨体を保つことができないだろう

これらのことからシロナガスクジラの大きさが
生物としての「限界」だと考えられているのだ

いきものデータ

史上最大の動物だけあって大人になれば天敵はもはや存在しない。そのためとても長生きで100歳を超えるものがふつうだ。赤ちゃんも体長7m、体重2トンの超メガトン級だ。

マメンチサウルス
イルカ　ひと　ゾウ

大きさ 25m

分類	えもの	生息地
ナガスクジラ科	オキアミ	世界中の海

おどろき！ シロナガスクジラは…
口を開けるのも ひと苦労！

とてつもない巨体をもつシロナガスクジラにとっては
食事のために口を開けることすら大仕事となる！

ズオオオオオ

ウワーッ
オキアミ

ウワーッ

ウワーッ

フルに開くと10mにもなる大きな口は
開けるだけで大量のエネルギーを
消費してしまう…
また口を開くことで減速する必要があり
そこから再加速するのもひと苦労だ
1日に数トンほどの
オキアミを食べると
言われているが
基本的には
大きな群れを
ねらいうちする

わかる

開閉に20分
かかるドーム

今日は
いいか…

ほっ

（小さなオキアミの群れは
スルーすることもあるようだ）

地球史上最大の巨体をもつ生きものは
ちょっとした動きにも慎重になる必要があるのだ…

シャチ

白と黒の巨大な影

海の食物連鎖の頂点に位置する最強のほ乳類!

力強い尾びれ

背びれの長さでオス、メスがわかる

キャッキャ
まてまてー
メス
ウフフ
オス

上下のアゴには20〜24本の10cmにもなる歯が生えている

アザラシやホッキョクグマ、イルカやクジラ…なんとホホジロザメまでもおそう!

SHACHI!!

キラーホエール（殺しのクジラ）の英語名にふさわしい戦闘力である…

体のわりに小さい胸びれで小回りのきく泳ぎが可能

海の支配者シャチは孤高の王者なのか…?

おって

水族館の人気者

メスを中心とした群れで暮らす。群れでは母と娘の絆が強く、オスは大人になる前に群れをはなれるんだ。メスは5〜6年に1度子どもを産む。子どもは1年くらい、お乳を飲んでいるよ。

大きさ 8m(オス)、7m(メス)

分類	マイルカ科	えもの	アザラシなどの海獣、魚など	生息地	世界の海

おどろき！

シャチは…
チームワークもばつぐん！

海で最強のほ乳類シャチだが…なんと
さらに高度な社会性までもっている！
（音を使ってコミュニケーションをとる）

複数のシャチが協力して
氷に向かって泳いで
大きな波をつくることで
アザラシを海に落とす！

ウラーッ

ママーッ

ギュウ

息子ーッ

ギュウ

コククジラの親から
子を引きはなして
上にのしかかって
窒息死させろ！

地球最大の動物 シロナガスクジラに
集団で体当たりをしかける！

オラッ

オラッ

やめてー

食べるためではなく
遊び目的だという…
（遊びは高度な社会性の証）

ただでさえ海でいちばんの強さをほこるシャチが
知性とチームワークまでそなえているとは…
もはやだれが立ち向かえると
いうのだろうか…？

氷鳥もおそう

鳥には
かんけい
ないね

あ〜ん

イッカク
ジャイアント・ホーン

頭部に長い「ツノ」をもつクジラの仲間！

ツノがあるのはオスのみ

おもい

ツノは3m近くになることも

ツノにはさまざまな効能があると言われ交易品にもなった 2本のツノをもつイッカクもいる…

ニカクじゃね

イカやタラなどの魚をおもに食べる

北極の沿海や河川で2〜10頭の群れをつくって暮らす

伝説のいきもの「ユニコーン」の元になったという説も

ゼロカク

ド

ス

ウワーッ

いっちょあがり

いきものデータ

ベルーガとも呼ばれるシロイルカにとても近く、超音波を出してえものがいる位置を感じとることができるんだ。ときには1500mも潜水して、えものを探すこともあるぞ。

大きさ 4〜6m

イッカク

一泊

分類	イッカク科	えもの	魚、イカ	生息地	北極海

ふしぎ！？

イッカクのツノは…
ツノじゃない！？

イッカクのするどく長い「ツノ」のように
見える器官は…じつは「ツノ」ではなく「キバ」だ！

ゾウのキバと同じく
「歯」が口から
飛び出ているのだ

ちなみに「キバ」の正確な役割はまだ判明していない…

武器に使う

オラーッ

氷をくだく

べんり

→イッカク
アイスピック

魚をとる

バシー——ン

ウワーッ

**メスへの
アピール**

LOVE

あらま

だが最近は「感覚器官」説が有力になってきた
イッカクのキバは たくさんの
神経がある敏感な部位で
まわりの環境を感知できるという

キバみがき週間

キーン

しみる

さまざまな可能性を
もつ神秘のツノ…
いや神秘の「キバ」なのである

第2章

鳥類のなかま

ウワーッ

鳥類は どんないきもの？

オニオオハシ

でかすぎ？

わっ

隕石!?

じつは恐竜の子孫

くちばしをもつ

口の中に歯が生えていない。えものはつまんで飲み込む

シジュウカラ

卵を産む

卵からヒナがかえる

はいってま〜す

翼をもつ！

多くの鳥は空を飛ぶ！

ウオーッ

カワセミ

空を飛ぶもの

かぽぉ…

カカポ

飛ばないもの

◎イチ推し
鳥類

コウティ
ペンギン

ウオーッ

ワーイ

ヒナ

鳥といえば空を飛ぶ……その常識にしばられないかっこいい生き方をしているのに、やっぱりかわいい。

くわしくは P119

ハシビロコウ

動かざる鳥？

アフリカに生息する、大きなくちばしをもつ鳥！

ブシュー

えっへん

学名は「クジラ頭の王様」という意味

ゴゴ
ゴゴゴ

迫力ある顔つき…！

・・・・・

グググ

ウワーッ

ハシビロコウの主食はハイギョなどの大型魚！

基本的にはいつもじっとしている

あがが

動かないあまりくちばしの内側に藻が生えてしまった…

動物園でも「動かない鳥」として話題のハシビロコウだが…？

もっと運動しないと!!

おまえが言うな

いきものデータ

湿地に暮らす体の大きな鳥で、群れをつくらずに生活しているよ。野生でも、ふだんは水辺の草木のかげでじっとしていることが多いんだ。ペリカンに近いなかまだと考えられているよ。

大きさ 1.2m

分類	ハシビロコウ科	えもの	魚	生息地	アフリカ

ギャップ…

ハシビロコウは…
意外と動く!?

じっと動かないイメージが強いハシビロコウだが…
よく見ていると動くこともあるぞ！
動物園で空を飛ぶ姿も目撃されている！

あたりまえでしょ
生きてるんだから

ばっさあ

日光浴のため
翼を広げる
貴重な姿も…

ふぃ〜

ぬくいか

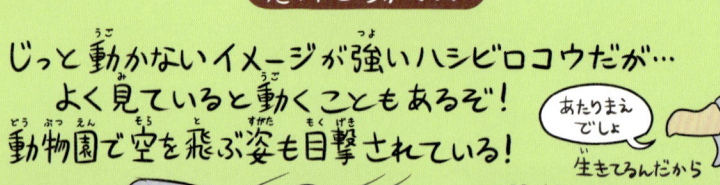

ヒューッ

アメリカの動物園では
カモをくわえて…

ウワーッ

タベナイデー!!

移動させることも
あるらしい…

たべねーよ

じゃまなだけ

なんだ

ストン

くちばしを カタカタ鳴らして
頭を上下に揺らす「クラッタリング」という行動で
飼育員さんと コミュニケーションを
とる キュートな一面もある！

静かでコワモテなハシビロコウの
意外な行動を見逃さないために
じっくり観察してみよう！

ウミネコ
マリンごろにゃん

「ミャーミャー」とネコのように鳴く中型のカモメのなかま！

眼のまわりが赤い

翼を広げると115cmにもなる

あっ

げべ

ウワーッ

飛行中うっかり魚を落としてしまうことも

くちばしの黒と赤のもようが特徴

なんでお前の方が有名なのよ

冬しかいないのに…

しらーん

3〜4万羽が繁殖する土地は人に荒らされないよう天然記念物に指定されている

ウミネコ 一年中日本にいる

カモメ 冬に日本へやってくる

段ボールの巣箱で卵を温めることもある

お子さんどう？

ウミネコ

まるい

ウミじゃないネコ

いきものデータ

繁殖地が守られているのは、この先もずっと絶滅することのないように保護するため。ウミネコの群れがいる場所には魚の群れがいるので、漁を助ける鳥として、大切にされてきたんだ。

分類	カモメ科	えもの	魚 など	生息地	日本、中国東部、台湾など

大きさ 37〜44cm

ウミネコは…

なんでも丸呑みにする!?

ウミネコはおどろくほど なんでも食べる！

大きめのえものも まるのみにする様子が 観察されているぞ！

ヒトデ

ウワーッ

ウワーッ

うさぎ

魚やヒトデはもちろん うさぎやネズミなどの ほ乳類まで さまざまだ！

ネズミさん

はなし あおう

グワーッ

まだ生きている えものもぐいぐい 飲み込んでいく姿は なかなか おそろしい…！

わんこウニ

さらにはなんと トゲでおおわれた ウニまで飲みこむ！ その大胆すぎる食欲は ウミネコのたくましさの 証なのだ…！

おかわり

三段ウニアイス

いたくないの

へふひ（べつは）

オシドリ

永遠の愛をちかう鳥？

繁殖期のオスはとても華やかな羽をもつ！

夏には羽がぬけて
オスも地味に…

Summer（サマー）

これは
これで

冬になると日本でもオスとメスがペアになり
よりそって過ごしている姿を見ることができる

鴛鴦の契り

うまれ
かわり

中国の春秋時代の言い伝え…
悲劇の生涯を送った
夫婦の墓を守る木の上で
オシドリのオスとメスが
一日中 泣き続けたという…
なかのよい夫婦を示す
「オシドリ夫婦」という
言葉もあるが…？

いきものデータ

日本では1年中見られるが、世界的には東アジアにしかいないため、珍しい鳥だ。巣は高い木の穴につくり、卵からかえったヒナはいさましく大ジャンプして穴の外へ飛び出すぞ。

大きさ 45cm

分類	えもの	生息地
カモ科	ドングリ、昆虫、種	東アジア

おどろき！

オシドリはじつは…
毎年つがいの相手を変える！

オシ美… オシ夫さん…

孤独なカモメ

けっ

いっけんラブラブに見えるオシドリだが…

オシドリの夫婦がなかよしなのは実際には卵が生まれる前までだ！

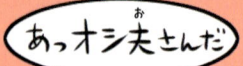

あっオシ夫さんだ

元カレ？

1年後…

オシ子… オシ夫くん…

現実の「オシドリ夫婦」は毎年パートナーを変えて繁殖しているぞ

オシドリのオスは
メスが卵を産んだ後は
メスの元を去ってしまう…
そして翌年また繁殖を行うのだ
（メスも他の相手を見つける）
「オシドリ夫婦」である期間は
わずか半年に満たないのである！

もう行くの

さらば

ガッカリするかもしれないがオシドリにとっては
これが合理的な子づくりの方法なのだろう…

ちなみに
ワシなどの猛きん類は
一生同じパートナーと
そいとげるという…

ワシ子…

ワシ太郎…

けっ

ハヤブサ

最速の猛きん類 (さいそく もうるい)

鳥類最速の超スピードで飛ぶ鳥! (ちょうるいさいそく とり)

空中から (くうちゅう) えものに
おそいかかる!

高層ビルで (こうそう)
子育てを (こそだ)
することも

急降下時の (きゅうこうかじ)
最高時速は (さいこうじそく)
なんと300kmに
達する! (たっ)

もともとの すみかの
絶壁に似てるから (ぜっぺき に)
お気に入り? (き い)

ビューン

特しゅな鼻のつくりで (とく) (はな)
超高速のなかでも (ちょうこうそく)
呼吸することが可能! (こきゅう) (かのう)

フン

新幹線の (しんかんせん)
現在の (げんざい)
最高時速が (さいこうじそく)
320km

ついて
くんなー

ジェットエンジンの
吸気口にも応用 (きゅうきこう) (おうよう)
されている

ファルコン
FALCON
AIR
エアー

かっこいい鳥の代表格 ハヤブサだが…? (とり) (だいひょうかく)

ハトも
軽々はこぶ (かるがる)

軽くない (かる)
っての

ウワーッ

タカやフクロウと同じ、するどいツメ (おな)
で狩りをする猛きん類のなかまだ。崖 (か) (もう) (がけ)
の上のような高いところでまちぶせ (うえ) (たか)
し、ハトやヒヨドリなどのえものが近 (ちか)
づいてきたら高速飛行でとらえる。 (こうそくひこう)

大きさ (おお) 41cm (オス)、49cm (メス)

300〜500g (かる)

分類 (ぶんるい)	えもの	生息地 (せいそくち)
ハヤブサ科 (か)	鳥 (とり)	世界中 (せかいじゅう)

おどろき！

ハヤブサはじつは…
インコに近いなかま！

ハヤブサは長年タカのなかまだと思われていた
…だが近年インコやスズメに近い鳥だと判明した！

マジで

タカ
フクロウ
色々な鳥

赤
ツメで
狩りをする鳥

ハヤブサ
インコ
スズメ

頭蓋骨の形や構造は
タカとハヤブサでは
大きくちがうという

オオタカ　ハヤブサ　インコ

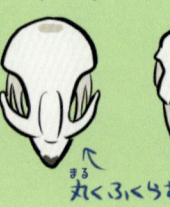

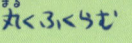
丸くふくらむ

DNAを調べた結果
ハヤブサとタカがにているのは
いわば「他人の空似」のようだ…

つまり「収斂進化」！
狩りのスタイルが
似ていたため
たまたま見た目も
似たように進化したのである
…とはいえハヤブサが
世界最速のカッコイイ鳥という
事実が変わることはないのだが…

ん？

ウワーッ

ハヤブサ
オオタカ

ポジティブ

むしろ
インコが
かっこいい
のでは

ハゲワシ
大自然のクリーナー

死んだ動物の肉を食べる大きな鳥！

うめー

うめー

するどい
くちばしで
死肉を切りさく！

ウワーッ

ジュウウゥ〜

菌

四月
肉

ハゲワシは
超強力な胃酸
（ph0〜1）をもつ
金属を溶かすほど
強い酸で死肉の
細菌を殺すぞ

弱 ———→ 強

死んだ動物の
肉を食べることで
くさった死体が
長く放置される
ことがなくなる…
自然界における
「掃除屋」の役割を
はたしているぞ
トータルでは
肉食動物より
多くの肉を
食べるらしい…

おこライオン

なんだと

犬の胃酸はph4.5
酢がph2.4くらい

いいにおい
しない？

する
くんくん

死肉
あさり
なかま

カラス

ハゲワシはアフリカとアジアに13種いて、日本にもときどきクロハゲワシが迷って飛んでくることがあるぞ。目がとてもよく、飛びながら、地上にある死がいをみつけるのがとくい技だ。

大きさ 98cm（コシジロハゲワシ）

分類	えもの	生息地
タカ科	死んだ動物の肉	アフリカなど

おどろき！

ハゲワシのハゲ頭は…
病気を防ぐスグレモノ！

ハゲワシの頭には
なぜ羽毛がないのか…？
じつはれっきとした理由がある

ん？　ぐろい

ハゲワシは動物の死骸に
頭をつっこんで
肉や内臓を食べる…
そのため食事の度に
不潔な血や肉がくっついてしまうのだ…！

べた〜

もし頭に羽毛が
たくさんあったら
羽毛の中で菌が増えて
病気になるだろう…
羽毛のないハゲ頭には
病気を防ぐ役割があったのだ！

SUNSHINE

日光が直接
肌に当たるので
殺菌効果
も…

ちなみに
防水性も高い

ハゲワシの頭は
（他の鳥に比べて）
美しくはない
かもしれない…
だが健康を守ってくれる
スグレモノなのだ

今日は
どうします？

いつもの
感じで

月刊　死肉

フラミンゴ

桃色ファイヤー

長い首とピンクの体色が特徴的な水鳥！

下に曲がった
くちばしで
水中の小さな
いきものを食べる

名前の由来は
ラテン語の「炎」！
燃えるようなピンク色だ
数千〜100万羽にもおよぶ
大きな群れをつくるぞ

群れが
飛び立つ
光景は
世にも美しい…！

どや

Z

クチバシは
フィルターのように
なっていて
えものだけを
よりわけられるぞ

ジャブ
ジャブ

クチバシを上下逆さ
にしてつっこむ

ねむるときも
片足で立つ！
バランス感覚
ばつぐんだ

**フラミンゴの
みずうみ**

いいね

いきものデータ

フラミンゴのなかまは世界に6種類いて、おもにアフリカや南アメリカの高山にすむ鳥だ。求愛するとき、はたのように首を左右にふったり、翼を広げる優雅なダンスをおどったりするぞ。

大きさ 1.5m

分類	えもの	生息地
フラミンゴ科	甲殻類、藻類	アフリカ、南米など

おどろき！フラミンゴは…

最初はピンク色じゃない！

フラミンゴは生まれた直後はグレーっぽい色で
ヒナのときの毛が生えかわると白色になる

そう…フラミンゴは はじめから
ピンク色なわけではないのだ！

ふんふん

特定の色素をふくむ
プランクトンや
藻類などを
食べることでじょじょに
体がピンク色になるぞ
食べないと体の色は
もとにもどる

しろミンゴ

これはただの
ぬり忘れ

「食べるだけで色が変わるなんて…！」と
おどろくかもしれないが たとえば
人間もカロテノイドがふくまれる
食品（ニンジンやカボチャなど）を
食べ続けると皮ふがオレンジ色に
なることもある…

フラミンゴレンジャー

リーダー
ピンクなの

極端な食生活が
見た目に出るのは
どんないきものも
変わらないのだろう…

カラス

ブラック野鳥?

日本中に生息している大きな鳥!

鼻はあまりよくない…

日本でよく見かけるカラスはほぼこの2種

ハシブトガラス

おでこが盛り上がる

ハシボソガラス

これらのカラスは都市部には特に多い

雑食性でなんでも食べる!

ゴミをあさるので嫌われがち…

針金でできたハンガーを巣の材料として使うこともある（卵を置くところには草などをしく）

ハシブトガラスは本来のすみかの森では死肉を食べることも多い

うまそ〜
でろり

でろり
うまそ〜

都会のゴミ袋はカラスにとって動物の死体と同じくらいのごちそう?

さまざまな声を出してなかまとコミュニケーションをするカラス。都市部に多いハシブトガラスに対して、ハシボソガラスは農村などにも多くすみ、昆虫やカエルを好んで食べているぞ。

MAYO〜

人間の食べものではマヨネーズが特に大好き

大きさ　57cm（ハシブトガラス）

分類	カラス科	えもの	果実、動物の死体、鳥のヒナや卵	生息地	東アジア

すごいぞ！

カラスは…

まっくろとは かぎらない！？

カラスのなかまは世界中にいる！
日本ではカラスといえば黒だが
コクマルガラスや オオハシガラスなど
白黒のカラスもいるぞ！

ブラックコーヒー

BLACK（ブラック）

ブラックチョコレート

ブラックのり

ブラックのりってなんだよ

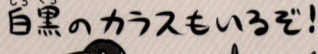

コクマルガラス

マネ

ビニールぶくろ

シロエリオオハシガラス

マフラー

どのカラスも鳴き声や かしこい行動が特徴的だ

「遊び」をする

ワタリガラス

ワーイ

雪の斜面を
ソリのように滑り降りる

車の前にクルミを置いて割る

やったぜ

バキッ

ハシボソガラス

自動車教習所の
まわりにいた
カラスがはじめた

道具をつくる

カレドニアガラス

葉や枝を使って
かくれている
イモムシを
釣りあげる

葉の一部分だけ
ちぎって使い
とげを ひっかける

ウワーッ

枝の先を折って
フックのように
加工して使う

ウワーッ

カラスにはまだまだ秘められた能力がありそうだ…！

シャカイハタオリ
はたおることり

アフリカに生息する小さな鳥！

植物の葉を
おりこんで
球状の巣を
つくる鳥
ハタオリドリ
の一種だ

林や森ではなく
乾燥した地域に
ぽつんと
立つ大木に
巣をつくる
なんと
電柱に
巣をつくる
こともあるよ

ほう

ガラッ

シャカイ
ハタオリの
恩返し

みたな

はたおり

おもに
かれた草を
巣の材料に
使うぞ

おちつく

一見スズメに にている地味な鳥だが

「シャカイハタオリ（社会機織り）」という奇妙な名前に
ふさわしいおどろきの生態をもっていて…!?

アフリカの砂漠にすむシャカイハタオ
リは大きな群れをつくる鳥だ。巣に敵
がくれば、みんなで協力して巣を守
るんだ。巣のなかは個室になっていて
カップルごとに暮らしているぞ。

ハタオリスズメ

てつだ手伝い
まっせ

どーも

大きさ 14cm

分類	えもの	生息地
ハタオリドリ科	小さな虫、種など	アフリカ南西部

じつはすごい

シャカイハタオリは…
超巨大な巣をつくる!

なんとシャカイハタオリは最大500羽もすめる
巨大建築のような巣をつくることができる!

巣の役割

① 昼は40℃
夜は0℃以下
という
気温差にたえる

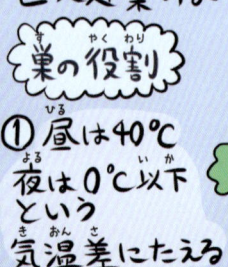

40℃　0℃

ジリジリ　ヒエる

どこだコラーッ

こわい

シャーッ

② タカや
ヘビなどの
天敵から
身を守る

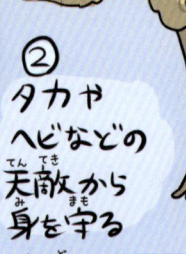

巣をつくるのは
共同作業

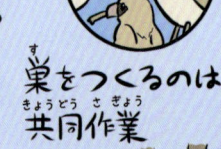

一度つくった巣が
100年以上に
わたって
使われることも!

築木100年

シャカイハタオリはまさにおどろくべき
「社会」性をもつ「機織り」鳥というわけだ

なんと「工事監督」の
ような鳥がいて
なまけ者には
罰をあたえている
という説もある…

コラーッ

コウテイペンギン
よちよち エンペラー

極寒の南極にすむ 世界最大のペンギン!

ワーイ
ヒナ

マイナス60度の過酷（かこく）な環境（かんきょう）に適応（てきおう）した厚（あつ）い脂肪（しぼう）をもつ

さーむーいー
ギュウ ギュウ ギュウ

い〜れて
気温（きおん）が下（さ）がるとおしくらまんじゅう状態（じょうたい）になって寒（さむ）さをしのぐ

あしのうらはすべりにくい

肉球（にくきゅう）みたい

コウテイペンギンの子育（こそだ）てはとても大変（たいへん）だ
オスは氷（こおり）の上（うえ）で立（た）ち続（つづ）けて卵（たまご）を温（あたた）める
そのために3〜4ヶ月（げつ）絶食（ぜっしょく）する

げっそり

メスは海（うみ）でヒナのために魚（さかな）をとる

ウガーッ

ヒョウアザラシやシャチなどの天敵（てんてき）におそわれることも多（おお）い…

鳥（とり）のなかまなのに空（そら）を飛（と）ぶことはできないペンギンだが…?

ヒナが産（う）まれて6週間（しゅうかん）ほどで、子（こ）どもだけが集（あつ）まるクレイシ（保育所（ほいくしょ））ができる。両親（りょうしん）が海（うみ）へ魚（さかな）をとりに出（で）かけている間（あいだ）、子（こ）どもたちは集（あつ）まって体（からだ）を寄（よ）せ合（あ）い、寒（さむ）さや危険（きけん）から身（み）を守（まも）るのだ。

小学（しょうがく）2年生（ねんせい）くらいの大（おお）きさ

よってく？
うん

大（おお）きさ 1.2m

分類（ぶんるい）	えもの	生息地（せいそくち）
ペンギン科（か）	魚（さかな）、甲殻類（こうかくるい）	南極大陸（なんきょくたいりく）

すごいぞ！

コウテイペンギンは…
水の中を高速で飛ぶ！

陸上ではヨチヨチ歩くコウテイペンギン…
しかし海の中では高速で飛ぶように泳ぐ！

お先に
どうぞ

そちらこそ

氷の穴の周辺で最初の1羽が
飛びこむのを何時間も待つ…

フィ〜

コウテイ
ペンギンの
潜水能力は
鳥類最高！
最深は564mで
20分以上
潜ることが
可能だ

まて〜

狩りを
終えると
いったん
上昇

水面で
「羽繕い」
して
羽毛に
空気を
ためる

ウワーッ

ウワーッ

ペンギンの羽毛はびっしり生えている
外側の羽毛が
水をはじき
その下に空気を
たくわえるぞ

ウワーッ

羽毛

空気の層

JUMP

海の中から
豪快にジャンプ！

!!

まてコラー

再び潜水
して加速！

羽毛の空気から
泡を発生させて
すべりやすくして
海水と体の
摩擦を
減らす！

まちぶせする
ヒョウアザラシに
つかまらないように
ひたすら加速！

泡の層をつくって
加速するという
とてつもないテクニックは
人間も工学分野などで まねして
応用しはじめて いるほどだ…！

コウテイペンギンは
ただの「飛べない鳥」ではない…
空ではなく「水中を飛ぶ」ことを選んだ
スピードエンペラー なのである…！

ペンギンのなかま

さまざまな特徴をもつおもしろいペンギンのな
かまがいるぞ。それぞれの特徴を見てみよう！

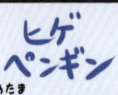

コウテイ
ペンギン

世界最大の
ペンギン

キング
ペンギン

頭部に
オレンジのもよう

ジェンツー
ペンギン

ヘアバンドの
ような白い帯

枝や石を重ねて
巣をつくる

ヒゲ
ペンギン

頭からアゴに
黒い筋が走る

背中は青っぽい黒

ロイヤル
ペンギン

金色の冠羽

マゼラン
ペンギン

胸に
2本の
黒い
ライン

南アメリカ大陸と
フォークランド諸島

ケープ
ペンギン

アフリカ南西部で
大きな群れをつくる

アデリー
ペンギン

白目に見える
部分は羽毛

フンボルト
ペンギン

胸に
黒い
ライン

全生息数の1割が
日本で飼育されている

イワトビ
ペンギン

岩場を
跳ね回る

ガラパゴス
ペンギン

赤道直下で
暮らす

コガタ
ペンギン

世界最小の
ペンギン

オニオオハシ

アマゾンの空飛ぶ至宝（そらとぶしほう）

全長（ぜんちょう）の3分（ぶん）の1にもなる大（おお）きなくちばしが特徴（とくちょう）！

この割合（わりあい）は鳥類（ちょうるい）で最大級（さいだいきゅう）だ

目（め）のまわりはうすいオレンジ色（いろ）

あそんで〜

くちばしで果実（かじつ）を投（な）げあって求愛（きゅうあい）するという

ヒナのくちばしはだんだん大（おお）きくなる

果実（かじつ）の皮（かわ）を器用（きよう）にむくこともできる

ア

イ

巨大（きょだい）なくちばしの重（おも）さはたった15g（ぐらむ）！

10円（えん）玉（だま）3枚（まい）と同（おな）じ重（おも）さ

独特（どくとく）すぎる骨格（こっかく）

正面（しょうめん）

内部（ないぶ）はハチの巣（す）のようなハニカム構造（こうぞう）であり軽（かる）くて丈夫（じょうぶ）なのだ

いきものデータ

ジャングルにいるイメージがあるけど、木（き）がまばらにはえた林（はやし）にいる鳥（とり）だ。果物（くだもの）が大好物（だいこうぶつ）で、枝先（えださき）のとりにくい実（み）だって、じまんの長（なが）いくちばしで上手（じょうず）にとることができるんだ。

あ〜ん

バナナ

大（おお）きさ 61cm

分類（ぶんるい）	えもの	生息地（せいそくち）
オオハシ科（か）	果実（かじつ）、昆虫（こんちゅう）、トカゲ、鳥（とり）の卵（たまご）	ボリビア〜ブラジル

なぞだらけ！

オニオオハシのくちばしは…

ゾウの耳ににてる!?

あっち〜

ふつうの鳥は体温調節を
呼吸と翼を広げることで行う…

オニオオハシ
ごおり氷

だがなんとオニオオハシは
その大きなくちばしで
体温を調節している可能性が高いという

赤外線カメラの
サーモグラフィ
映像

まわりの温度が上がると
オオハシのくちばしの
温度が上昇する…
（一方で体温は上昇しない）

細かい血管がはりめぐらされた
大きなくちばしは
熱を体内から逃がす役割を
果たしていたのである…！

その放熱機能は「ゾウの耳」にも匹敵するという！

オニオオハシのくちばしや
アフリカゾウの耳は
空気にあたる
面積が広いので
効率よく血液を
冷やせるのだ

耳をぱたぱたして
熱を逃がすゾウ

オオハシの くちばしは ゾウの耳

王さまの耳は
ロバの耳

あっち〜

フィ〜

オニオオハシとゾウ…
巨大な体のパーツをもつもの同士
話が合うかもしれない…

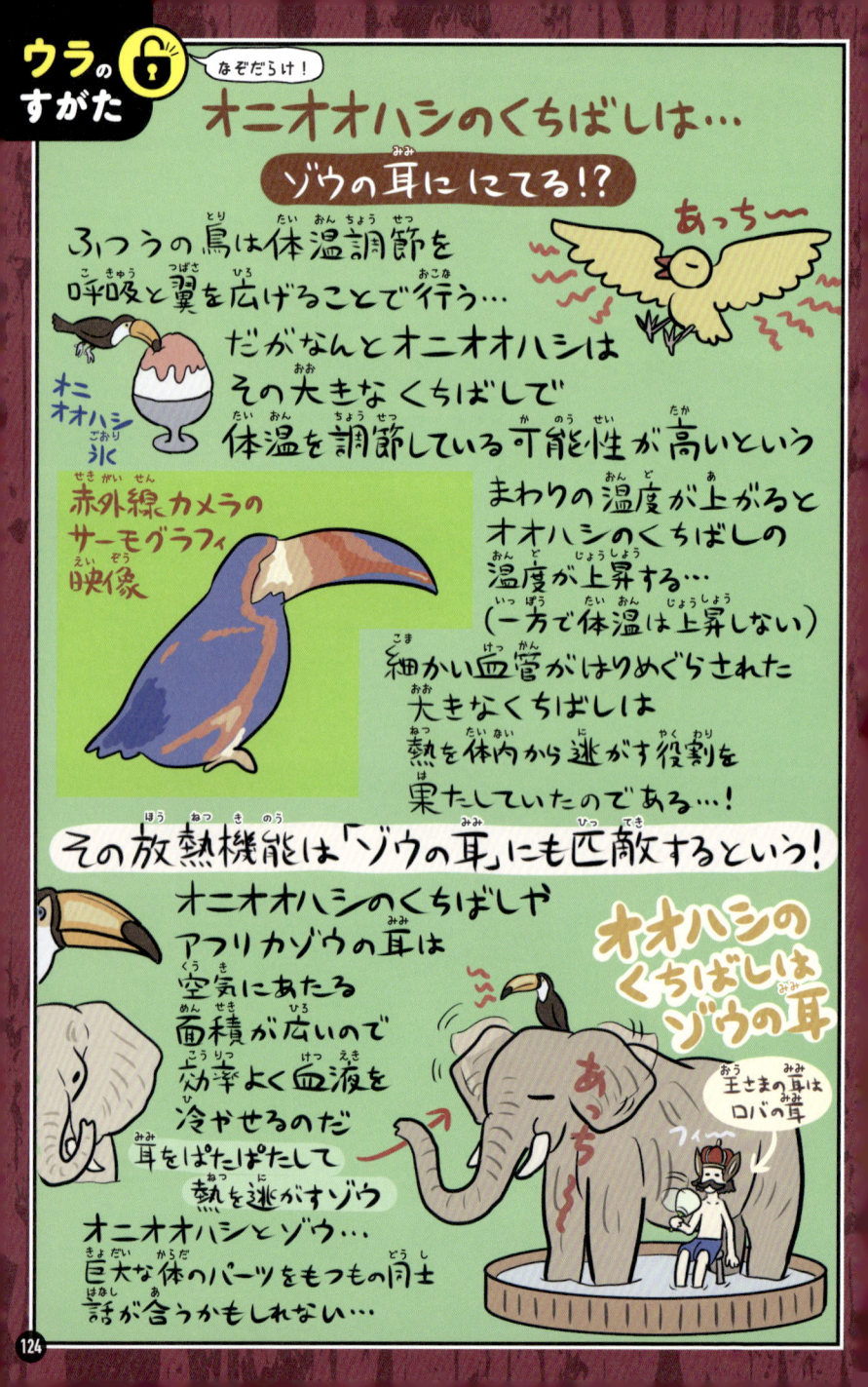

ハチドリ

極小のヘリコプター

鳥の中でもっとも小さい体をもつのがハチドリのなかまだ

とてつもないスピードで飛び回って花のみつを吸うぞ！

最大の特徴は「ホバリング」能力！

なんと

8の字を描くような翼の動きで空気の渦をつくり出す！

ハチだけに

超高速で羽ばたいてヘリコプターのようにピタッと空中で止まることができる

ふつうの鳥にはできないスゴワザだ

鳥類のなかでゆいいつ後ろ向きに飛べるという

羽ばたきの回数はなんと毎秒80回！
（最小のハチドリ：マメハチドリの場合）

↑揚力　　↑揚力

ほかの鳥とちがって翼を打ちおろす時も打ち上げる時も「揚力（翼を上に引っ張る力）」が発生するので楽々ホバリングができる

あお向けにすると方向感覚を失い動かなくなる…

ウウ～ン

マメハチドリ

分類	えもの	生息地
ハチドリ科	花のみつ、昆虫、クモ	南北アメリカ

なぞだらけ！

ハチドリは…

甘いみつを ガブ飲みする宿命！

翼を せわしなく 動かしつづける ハチドリは
飛ぶ際に たくさんの エネルギーを 使うため
毎日 自分の体重以上のみつを 飲む必要がある！

花のみつは
自然界では
ぶっちぎりで
高カロリーな
食料だ！

チュー

花みつドリンクバー

ドロ〜

うぷ…

ハチドリ
人間

仮に ハチドリが 人間くらいの 大きさなら
1分の ホバリングごとに ジュースを 1本
また1本…と 飲み続けないと
エネルギーが 追いつかない 計算だ

みつ みつ

ハチドリたちが
みつを 飲んでいる 花は
「鳥媒花」と 呼ばれる
鳥によって 花粉を 運んでもらう
タイプの 花だ
鳥媒花は みつを 大量に 出すが
とても 糖度が うすい
だから ハチドリは ガブ飲みを
しないと 生きていけないのだ

たまには
ゆっくり
していけば

こんどね

必要な エネルギーを 求めて
ハチドリは 今日も
花から 花へと いそがしく 飛び回る！

55

フォークランドカラカラ

空飛ぶ悪魔？

フォークランド諸島にすむハヤブサのなかま！

南米大陸

ココ

なかま

ハヤブサ

知能が高く鳥から小動物虫から死体までなんでも食べる

独特の高い鳴き声が「カラカラ」という名前の由来らしい

Cara Cara カラカラ

ウワーッ

自分たちより大きいジェンツーペンギンもおそう

するどいツメでおもに地上で狩りをする

人をおそうことはないが「空飛ぶ悪魔」と呼ばれ恐れられていた…一体なぜだろうか？

いきものデータ

夏のフォークランド諸島で、ペンギンや海鳥の卵やヒナをねらうぞ。ハヤブサのなかまなのに、飛ばずに歩いて狩りをする。好奇心が強くて、何にでもすぐ近づいていくんだ。

1等 フォークランドへの旅

ガラガラ

いらん

大きさ 50〜65cm

分類	ハヤブサ科	えもの	昆虫、ペンギンなど	生息地	フォークランド諸島

ふしぎ！？

フォークランド カラカラは…
天才的 どろぼう！？

フォークランド カラカラが「空飛ぶ悪魔」と
忌み嫌われる理由…それは人間を恐れない
大胆不敵などろぼうセンスが原因だった！

カラカラ三世

フフフ…

テントをとめる金具を
ひっこ抜いて テントをこわし
中の食料をぬすむのも
お手の物…

ドサッ

うめー

オラーッ

イェーイ

ガツ ガツ

にてない

WANTED
カラカラ
5ドル

ウォンテッド

やすいし

子羊などの家畜を
さらうことも多かったため
地元の人間に敵視され
ついに賞金がかけられるほど！
その結果 生息数も3千羽ほどに
落ちこんでしまう…

ウワーッ

フォークランド諸島は冬になると えものが激減し
若い鳥の大半が死ぬという…
（しかも近くの島までは500km!）
「空飛ぶ悪魔」にして 天才どろぼうの
フォークランド カラカラたちも
自分や子どもが
生き残るため
必死に知恵を
しぼっているのだ

イェーイ

ウワーッ

ヤツは
大変なものを
盗んでいま
した…

私の
羊です

ペンギン
警部

メェーッ

ヨウム

世界一かしこい鳥

**とても高い知能をもつ鳥！
人間の言葉を学習する**

オウム科ではなく
ヨウム科に分類される

インコ科
小さい

オウム科

オウム
冠羽がある

ほー
大きい

ものの名前や色や
数字を理解できる
アメリカの有名なヨウム
アレックス君

青は何コある？

2コ

たくさん

ねこ

かんたんな足し算もできる

○ + ○ = ？

5

いっぱい

しずかに
してなよ

とり

声マネの
レパートリーも
たくさんある

ホーホー

コケコッコー

ワンワン

電話の音とかも
マネるので注意

ブルルル♪

チャ

もしもし

…アレ？

ばーーか

知能が高いゆえに
反抗期があるという

いきものデータ

ジャングルにすむインコのなかまだ。ペットにすると人の言葉や電話の音などをまねするのが有名だが、野生でもオオコウモリなどの動物の声をまねすることが観察されているぞ。

酔うム

ばっか
ヤロォ～

ウィ

妖夢

大きさ 28～39cm

ぶんるい 分類	えもの	せいそくち 生息地
ヨウム科	果実、種	西アフリカ～中央アフリカ

ふしぎ！？

ヨウムはその かしこさゆえに…
密猟の犠牲になっている！

かしこい！かわいい！
ヨウムくん

ヨウムはその知能の高さと愛らしさゆえ
ペットとして とても人気がある…
それゆえ密猟もたくさん行われてしまう！

せまいよ　くらいよ
こわいよ

密猟者につかまり
せまい檻に
押しこめられた
ヨウムたち

ヨウムがペット用に
1羽輸入されるごとに
20羽が犠牲になるとも…

密猟されたヨウムたちは逃げられないよう
翼の一部をきずつけられ
病気やストレスで死ぬことが多い

ついに2016年のワシントン条約で
野生のヨウムの輸出入が禁止された
しかしレア度が上がることで
さらに密猟が
はげしくなるかもしれない…
かしこくて おしゃべりで
もともとは集団でくらすゆかいな鳥…
愛らしいヨウムは
日本でも人気が高く
年間500羽近い野生ヨウムが
日本に輸入されている！
だからこそ こうした事情を
よく知っておく必要があるだろう
　かしこいヨウムの恨みを買えば
　　いつの日か…？

ここどこ

せまいよ
くらいよ　こわいよー

逆襲の
ヨウムくん
ばーか
ばーか
ヨウム反逆　タ日新聞

ナンベイレンカク

水上散歩！

南アメリカに生息する水鳥！

大きなあしが最大の特徴！
長いあしの指を使って
水面の植物の上を上手に歩く

NINJA

黒いボディに
スラリとした
体のスタイルが
魅力的だ
翼に「翼づめ」
という突起
がある

小さいあしよりも
体重が かかりにくいので
水にしずみにくい

ウワーッ

ドボン

水に浮くスイレンなどの
葉の上に
巣をつくる

おっ
とっと

ヒナもあしが大きいので
親といっしょに水面の植物の上を歩ける

いきものデータ

ワニやカピバラがいるような南米の池や川にすんでいる鳥。水草の上の昆虫を探しながら歩き回っている。レンカクのなかまは、世界に8種いてどれもが同じように指がとても長い。

プカ　プカ

大きさ 21〜25cm

分類	えもの	生息地
レンカク科	昆虫	南アメリカ

ふしぎ!?

ナンベイレンカクの オスは…

メスの浮気を知りつつ子育てする!

ナンベイレンカクは基本的に「一夫一妻制」であり
オスの方が子育てをするのだが…
なんと メスは オスの目の前で
堂々と「浮気」をする!

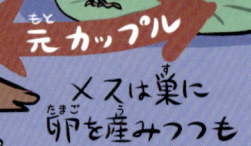

パパー

お食べ

オス

メス

ハァ♡入

元カップル

メスは巣に
卵を産みつつも
さまざまなオスの
ところを渡り歩くそうだ

ママ…

気に
しないの

パパ

あ〜〜〜ん

メスが浮気してまで
多くの卵を産む理由は
ワニによる卵の捕食を
おぎなうためと考えられる

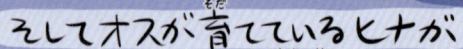

そして オスが育てているヒナが
「我が子」である確率は たった「4分の1」!

しかし オスは
「自分の子かどうか」にこだわらず
とにかく目の前のヒナを育てるぞ
その結果 自分のヒナが育つ可能性も
上がると判断しているのかもしれない
あるイミ 見上げた子育て精神である…

パパ…?

かもね

クリムネサケイ

うるおいサバイブ

アフリカの過酷（かこく）な砂漠地帯（さばくちたい）にすむ鳥（とり）！

ハトにそっくりな
ずんぐりボディだが
厳密（げんみつ）には「遠い親戚（とおいしんせき）」

なーんが
ちがうね

ハト

ササ

大（おお）きい
群（む）れで
飛（と）ぶ

砂（すな）にまぎれる
くすんだ
黄色（きいろ）の体（からだ）

あしは短（みじか）いが
走（はし）るのも得意（とくい）

だれも
いない
砂漠（さばく）…

どうかな？

おもに種（たね）や
昆虫（こんちゅう）を食（た）べる

水（みず）が
貴重（きちょう）な
砂漠（さばく）で…

クリムネサケイが生（い）き残（のこ）るための秘密（ひみつ）とは…？

いきものデータ

南（みなみ）アフリカのカラハリ砂漠（さばく）などで群（む）れで暮（く）らす鳥（とり）。地面（じめん）をほったくぼみに巣（す）をつくり、そこに卵（たまご）を産（う）む。メスはオスと羽毛（うもう）のもようがちがい、首元（くびもと）まで斑点（はんてん）のようなもようがある。

ソフト…

クリームね？

大（おお）きさ　28〜30㎝

分類（ぶんるい）	えもの	生息地（せいそくち）
サケイ科（か）	草（くさ）、種（たね）、昆虫（こんちゅう）など	南（みなみ）アフリカ

クリムネサケイは…
「そらとぶスポンジ」!?

乾ききった世界「砂漠」で水はなにより貴重だ。

クリムネサケイを含むサケイのオスは…

ちゃ

ぽ…

特殊なつくりになっている
おなかの羽毛を5分間ほど
水に浸すことで…

まるで「スポンジ」の
ように羽毛を使って
「水を運ぶ」ことができる。

保持できる水の量は、
約25ml（小さじ5杯分）。
サケイの全体重の15%にあたる。
人間の男性（体重65kg）でたとえると
約10lの水を運ぶ計算だ。

サケイたちが水を運ぶ理由は
ヒナを育てるため。

うまく運べれば、ヒナは10分間ほど
水を飲み続けられる。

ズッ　シリ

\重〜い…/

おっぱい
おいし〜

ちゅう
ちゅう

おっぱい
じゃ
ないぞ

乾いた砂漠で育つヒナに
「うるおい」をあたえるため、
今日も子育てパパは
「そらとぶスポンジ」と化す！

第3章

は虫類・両生類のなかま

ゴゴゴ

は虫類・両生類は どんないきもの？

体はぬるぬる

体の表面はぬるぬるしている。乾燥に弱く、近くに水場がないと生きられない

イモリ（両生類）

水と陸の両方で生活

子どものときは水中にいて、成長して陸に上がるものもいる

カエル（両生類）

ヤモリ（は虫類）

乾燥にたえられる体

水場から離れても生活できる。全身にうろこがある

ヘビ（は虫類）

イチ推し は虫類

しまがみえるぞ〜

海を渡って新しい島へ生息範囲を広げた。そして進化をして生き方も変わったチャレンジャーだ。

ウミイグアナ

くわしくは P139

ナイルワニ

水（みず）にひそむキバ

巨大（きょだい）で凶暴（きょうぼう）な人食（ひとく）いワニとして有名（ゆうめい）！

魚（さかな）や水辺（みずべ）にきた鳥（とり）
インパラなどの
動物（どうぶつ）にサメ
果（は）ては人間（にんげん）まで
無差別（むさべつ）におそって
食（た）べろといわれる

ウワーッ

必殺技（ひっさつわざ）「デスロール」

かみつく　ガブ　ウワーッ　インパラのあし

ひねる　グイ　グワーッ

ねじきる　ボキン

かむ力（ちから）は
地上最強（ちじょうさいきょう）レベル！
トラやライオンの倍以上（ばいいじょう）もある

いきものデータ

アフリカワニと呼（よ）ばれることもあるぞ。地面（じめん）に穴（あな）をほって 50 個（こ）ほどの卵（たまご）を産（う）み、ふ化（か）まで、母（はは）ワニがそばで守（まも）る。生（う）まれた赤（あか）ちゃんワニは、口（くち）の中（なか）に入（い）れ、安全（あんぜん）な水中（すいちゅう）に運（はこ）ぶんだ。

コケーッ　ごはん？
庭（にわ）にワニとニワトリがいる

大（おお）きさ　4〜5.5m

分類（ぶんるい）	えもの	生息地（せいそくち）
クロコダイル科（か）	魚（さかな）、ほ乳類（にゅうるい）など	アフリカなど

水中のナイルワニは…
キュートな立ち姿!?

水面からおそろしげに顔をのぞかせる ナイルワニ…

ゴゴゴ

だがその姿を水中から見てみると？

なんと後ろあしで
立ち上がっている！

ジャズーーン

ある程度
リラックスした
状態のワニは
こうした体勢を
とることが
多いそうだ

前あしの近くの
肺が浮き袋
がわりになる

なんと尾をあしのように
使って体を支えることも
あるという…
尾だけで川から
立ち上がったワニも目撃されている※

ウォオーッ

←エサ

キュートな立ち姿はワニの筋肉が
パワフルである証拠なのだ…！

※ずっと立っていたわけではなく数秒のこと

ウミイグアナ

コワモテダイバー

ガラパゴス諸島に生息する大きなイグアナ。

怪獣のような見た目だが
おとなしい性格。

海岸の岩場で日光浴

きもち〜

カニ

カニ

ガラパゴス
ゾウガメ

4…?

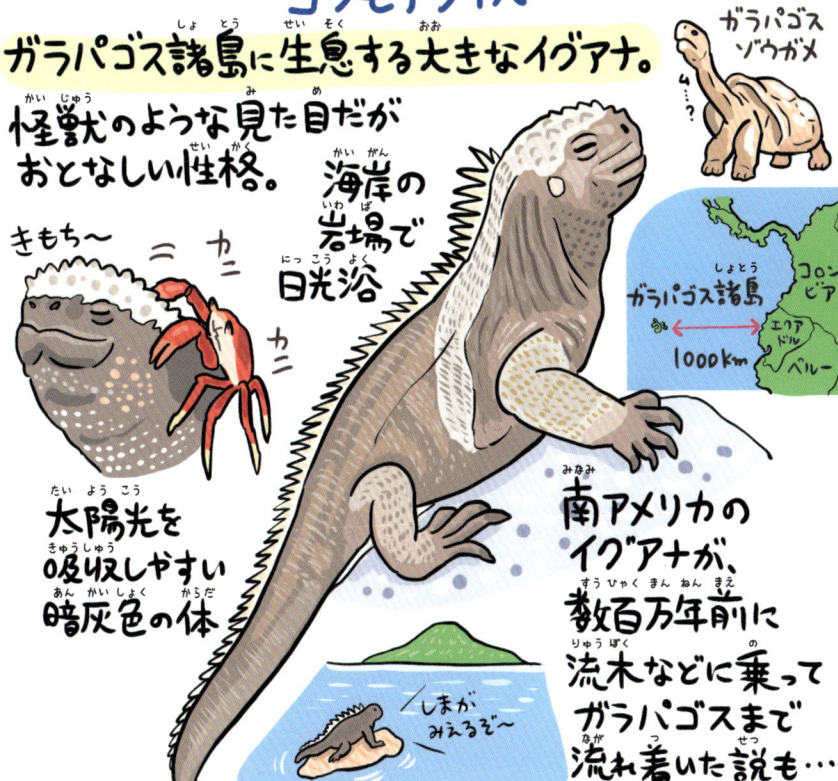

ガラパゴス諸島
コロンビア
エクアドル
ペルー
1000km

太陽光を
吸収しやすい
暗灰色の体

南アメリカの
イグアナが、
数百万年前に
流木などに乗って
ガラパゴスまで
流れ着いた説も…

しまが
みえるぞ〜

「海のイグアナ」の名にふさわしい能力とは…?

いきものデータ

ほかのイグアナのなかまは砂漠や熱帯雨林にいるが、ウミイグアナは海辺にいる。岩についた海藻をおもに食べるため、海藻の塩分が体にたまりすぎないように、塩分を外に出す器官がある。

どけない

大きさ 1〜1.5m

| 分類 | イグアナ科 | えもの | 海藻など | 生息地 | ガラパゴス諸島 |

おどろき！

ウミイグアナは…
海を泳ぐ！

ウミイグアナの得意技…それは潜水だ！
水深12メートルまで潜り
1時間も海中にとどまれる。

すい〜〜

へんな
さかな！

長い尾を使って すいすい泳ぐ

小さくするどい歯は
岩から海藻を
こすり取るのに
ぴったり

がっしり

長いツメで
岩をつかめば
激しい海流にも
流されない！

ガジ　ガジ

岩じゃ
ねーぞっ

さらに…

「海と陸のハイブリッド」イグアナ が発見された！

自然現象で海藻が激減し、
陸に向かったウミイグアナのオスが
リクイグアナのメスと出会い、
交配して誕生したという。

う、海から
きました！

ん？

リクイグアナ
（メス）

するどいツメで
木を登り、
サボテンの
葉肉を食べる！

「海」と「陸」の出会いが
引き起こしたミラクルといえるだろう…！

オサガメ

スーパーヘビー古代ガメ

地球上で最大のカメ！1億年以上前から
ほとんど姿を変えずに地球の海にいる

全長4m

恐竜の絶滅期をも生きのびた…！

いいなー

絶滅した
古代ガメ
アーケロン

ぷにぷに
カメだが甲羅はなく
背中はゴムの
ような感触

カメとしてはめずらしく
寒い海でも生きていける

カメの中では
もっとも泳ぎが
得意とも言われ
時速20km以上
で泳げる

よちよち

おとなになれるのは
1000匹に1匹だという…

150m アカウミガメ

なにも
みえねぇ

1200m オサガメ

カメの中ではもっとも深い
水深1200mまで潜れる

いきものデータ

世界の熱帯や亜熱帯の海を泳ぎ回っているが、水温が15℃以下の冷たい海も泳ぐことがある。大きな体をつねに動かしていることで、水温より体を温かく保っておくことができるんだ。

おさがめ
たろう

竜宮城
まで
よろしく

ほかの
カメに
して

大きさ 1.2〜1.9m

分類	えもの	生息地
オサガメ科	クラゲなど	太平洋、大西洋、インド洋

ギャップ…

オサガメの口の中は…

モンスターチック！

ギャアアアア

オサガメの口の中には「乳頭状突起」という
トゲトゲが びっしり 生えている！

ぬるぬる やわらかい クラゲを
確実に とらえて
食べるためだ

ウワーッ

のどの奥まで
トゲトゲは続いていて
ベルトコンベアのように
クラゲを胃まで運ぶ

ウィーン

トゲトゲ
コンベアー

ウワーッ

オサガメは 1日に体重の
73％もの クラゲを食べる…！
クラゲは カロリーが低いので
十分な栄養を得るために
とにかく大量に食べないと
いけないのである

のむ？

のめるか

ちゅー

クラゲ
ジュース

KURAGE

1日分の
クラゲ

天然
クラゲ100kg使用

カニや イカ、魚も食べるが
おもなえものは クラゲだ…
それゆえ オサガメの肉は
クラゲ由来の毒を含むので
食べると中毒になることがある！

「きれいなバラには トゲがある」ように
「巨大なカメには トゲと毒がある」というわけだ…

野菜
ジュース

ROSE

アカウミガメ
メジャータートル

ウミガメの中ではもっとも個体数が多いカメ！

だが産卵場所の砂浜がへったことで地球によっては絶滅の危機に…

英語名はLoggerhead
バカでかいアタマ

ひどくね

最高時速25kmで泳げる
(水泳の選手は時速7km)

クラゲ・貝・魚などを食べる
(毒に耐性をもっており猛毒クラゲも食べられる)

こわ〜

おとなのメスは数千kmも泳いで自分が生まれた砂浜へもどる

地球の磁気を感じて自分のいる場所や生まれた浜の位置を判断する

おぼえ　この浜辺

「浦島太郎」を乗せていた伝説で有名なウミガメだが…？

いきものデータ

産卵のとき以外はずっと海で生活をしている。前あしはボートのオールのように平たく、水をかいて泳ぐのにちょうどよい形だ。カメだけど、頭やあしは甲羅の中に引っこめられないぞ！

ウミガメロン

おいしいよ

大きさ 1m

分類	えもの	生息地
ウミガメ科	クラゲ、魚、貝	世界中のあたたかい海

おどろき！

アカウミガメは背中に…
甲殻類を乗せている!?

なんとウミガメの甲羅の上で暮らす
新種の甲殻類が発見された！

エビに近い
「タナイス」という
いきものの一種

体長2〜3mm

大きなハサミをもつ

準備万端

メスの
はさみは
小さい

雰囲気
でない…

カメの甲羅に乗って
竜宮城に行った
「浦島太郎」にちなんで
「ウラシマタナイス」と
名付けられたぞ

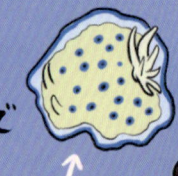

あらま

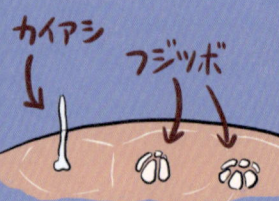

オトヒメウミウシ
といういきものも…

カイアシ

フジツボ

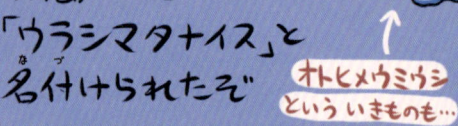

ウミガメの甲羅にはさまざまな
微小生物がいるとされるが
その生態にはまだ謎が多い…

カメの甲羅は
まさに未知の詰まった
玉手箱と言えるだろう…

ゴゴゴゴゴ

あけちゃ
ダメじゃん

は虫類

63

テキサスツノトカゲ

砂漠のサバイバー

アメリカに生息するは虫類！

コヨーテという犬
ヘビや鳥などの
天敵が多い危険な土地「砂漠」で
生き残るためにさまざまな
防衛手段をもつ

主食は
おもに
アリ

ウワーッ

天敵に見つかりそうになると
まずは地面の色ににた体色を活かして
かくれてやりすごそうとする
もし見つかれば体を
2倍にふくらませていかく！
かんたんには飲みこめなくなる！

追い詰められると「最後の武器」を使う…！？

ミニ
サボテン

ドラゴンの
ような見た目！
…だが意外と
小さい

いきものデータ	北アメリカからメキシコの砂漠にすむトカゲ。朝夕の涼しい時間にえもののアリなどを探し、暑い昼間は植物の影で休む。ペットとして人気があり、人にとらえられて、数がへっているんだ。		
		大きさ	10cm
分類	ツノトカゲ科	えもの	アリ
生息地	北アメリカ南西部〜メキシコ		

145

テキサスツノトカゲの最後の武器は…

目から飛び出す血液！

かくれても いかくしても ダメ…
そんな大ピンチにおちいった
テキサスツノトカゲは
最後の手段を行使する！

なんと目から血液を
「水鉄砲」のように
天敵に向けて
発射するのである！

プシュウウウ

ギャーッ

射程距離は1mにもなる！

しかもコヨーテなどが苦手な成分が
血の中にふくまれているという…
これには砂漠の強敵たちも ひとたまりもない…

YOU WIN!

TEXAS

し、死ぬかと
お、思った…

キャイン
キャイン

だがこの「血液銃」によって
体内の血液を3分の1も
消費してしまうらしい…！
めったに使えない大技だ

シビアすぎる世界「砂漠」を生き抜くには
時に命をかけるリスクを冒さなければいけないのだ…

オオサンショウウオ

ウーパールーパー
なかま

川底（かわぞこ）にひそむ巨大（きょだい）な影（かげ）

ガバッと大（おお）きく
ひらく口（くち）

あ〜〜ん

基本的（きほんてき）に
夜行性（やこうせい）

まぶしい

別名（べつめい）「ハンザキ」
体（からだ）が半分（はんぶん）に
さけても
生（い）きている
という
言（い）い伝（つた）え
から…

バリーン

大丈夫（だいじょうぶ）

小（ちい）さな
眼（め）

ぽってりしたあし

指（ゆび）の数（かず）は前（まえ）は4本（ほん）
後（うし）ろは5本（ほん）

夜（よる）になると川底（かわぞこ）で
待（ま）ち伏（ぶ）せ型（がた）の狩（か）りをする

ウワーッ

大（おお）きな魚（さかな）も
丸呑（まるの）みにするよ

大丈夫（だいじょうぶ）では
ないだろ

オオサンショウウオの卵（たまご）

ぷに
ぷに

直径（ちょっけい）3cmほど

卵（たまご）の世話（せわ）を
するオス

いきものデータ

幼（おさな）いときはエラ呼吸（こきゅう）で、成長（せいちょう）すると肺（はい）呼吸（こきゅう）になり、30分（ぷん）〜2時間（じかん）おきぐらいに水面（すいめん）に顔（かお）を出（だ）して空気（くうき）を吸（す）うよ。体（からだ）に刺激（しげき）を受（う）けると、身（み）を守（まも）るために、独特（どくとく）のにおいがする白（しろ）い粘液（ねんえき）を出（だ）す。

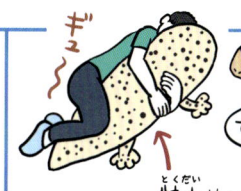

ギュ〜

でかい

特大（とくだい）ぬいぐるみ

大（おお）きさ　最大（さいだい）1.5m

分類（ぶんるい）	えもの	生息地（せいそくち）
オオサンショウウオ科（か）	魚（さかな）、サワガニなど	日本（にっぽん）（おもに西日本（にしにほん））

おどろき！

オオサンショウウオは…

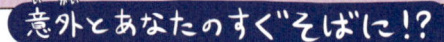

意外とあなたのすぐそばに！？

世界的に希少なオオサンショウウオだが…
日本では意外にも身近ないきものだ！！
京都の鴨川沿いを
のそのそと
散歩する姿が今でも
目撃されている…

ウワーッ

ドーモ…

川の上流に行けば出会える可能性はさらに上がるだろう…！

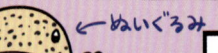

※目撃者はこう語る… ※京都水族館元館長の下村実さん

大学生の時に川の上流で
野宿をしていたときのことです…

←ぬいぐるみ

釣った魚を3枚に
おろしていて…

フン♪ フーン♪

何か気配が
すると
思ったら…

ハッ

なんと5〜6頭の巨大な
オオサンショウウオが
魚の匂いにつられて
集まってきたのです…！

ウワーッ

魚〜

魚くれ〜

魚だ

ちょーだい

魚はすぐに食べられてしまった

オオサンショウウオは人の近くで暮らしてきた いきものなのだ…！

だが日本固有種である国の特別天然記念物
オオサンショウウオはピンチを迎えている！
1970年代前半に食用として輸入された
チュウゴクオオサンショウウオと交わることで
鴨川ではたくさんの交雑種が生まれており
在来種の割合は1.6％にまで減少してしまった…

おこしやす
在来種
ニーハオ
チュウゴク
オオサンショウウオ

種を超え（ちゃっ）た出会い…！

人間の手によって引き起こされた
オオサンショウウオの危機…！
それを解決できるのも
人間しかいないだろう

外来種
在来種
交雑種

魚くれ〜
むしゃ
むしゃ

がんばりましょう！！

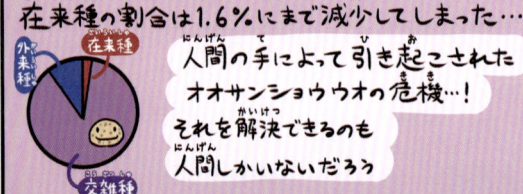

モウドクフキヤガエル

世にも美しき毒ガエル

地球最強クラスの毒をもつヤドクガエルのなかま！

南米の先住民がその毒を吹き矢にぬり使っていたことが名前の由来

なにすんだコラーッ

うしろあしに矢をおしつける

あざやかな色は敵に「食べるな」と警告する

たべるとしぬよ

でしょうね

フッ

ドス

グワーッ

フグ毒の4倍も強い毒をもっている

FUGU

1匹の毒でゾウなら2頭人間なら10人を殺せるといわれる恐怖の猛毒だ

ウワーッ

オスは子どもを背中に乗せて育てる

おっこちるなよ

ピンポン玉

たのしー

ウワーッ

いきものデータ

熱帯のジャングルで暮らす。卵は落ち葉の下などに産むよ。オスはオタマジャクシが生まれるのを見届けたら、生まれた子どもたちを、流れの強くない安全な水場に運んでいくんだ。

大きさ 4.5〜4.7cm

分類 ヤドクガエル科　**えもの** 昆虫など　**生息地** コロンビア西部

なぞだらけ！

モウドクフキヤガエルは…

愛されペット！？

モウドクフキヤガエル
などのヤドクガエルは
ペットとして流通しており
日本でも3万円くらいで
かんたんに買える

¥

3万円

買えるカエル

イチゴ
ヤドク
ガエル

コバルト
ヤドク
ガエル

色もようのパターンは
たくさんあってきれい

猛毒が危なくないの？と
思うかもしれないが…

じつはヤドクガエルは
もともとは無毒なのだ！

ヤドク
ガエルの
王子さま

野生の個体は
触っちゃ
ダメよ

生息地にいるダニやアリなどの
特定の昆虫を食べることによって
少しずつ毒を獲得していくという…
（よって飼育下のヤドクガエルに毒はない）

ウワーッ

毒ゲージ

その地道な
蓄積の結果
この世で
最強の毒を得る
というのだから
おどろきだ…

しかし生息地にいる
天敵のヘビにだけは
毒が通じないらしい…

ウワーッ

寿命ゲージ

ウーパールーパー
メキシカン・キュート

※イモリや
カエルなど

ふしぎな表情と白い体色が特徴的な両生類※！

別名メキシコサラマンダー！

大きなエラが飛び出ている！

幼体

YO ヨウ

こどもの特徴を残したまま大人になるよ

「おとなになんかならないよ♪」

「なってろよ」

こうした性質を「ネオテニー」という

メキシコの運河に生息する

あがめよ

ハハーッ

15〜16世紀のアステカ帝国では崇拝されていた

アホロートルとも呼ばれる

あほ…

「なんか失礼」

アステカの言葉で神さまの名前に由来するらしい

現在は数が減り 数年で絶滅しかねないという説も…

野生では標高2000m以上の高地の湖にすみ、全身が黒いものが多い。ペットとして人気がある全身が白いウーパールーパーは、ときどき生まれる白いタイプを飼育してふやしたもの。

ウーパールーパーの王子さま

ヤドクガエルの王子さま

ん…

「だれ？」

大きさ 20〜25cm

分類	えもの	生息地
トラフサンショウウオ科	エビ、カニ、魚	メキシコ

ふしぎ！？

ウーパールーパーは…

おどろきの再生能力をもつ！

ウーパールーパーなどサンショウウオのなかまは
おどろくほど高い肉体の再生能力をもっている！

ウワーッ

あしや尾を
失っても
数週後には
生えてくる

ニュ

なおった

ニュ ニュ

研究によると
ある特定のタンパク質が
再生をうながすらしい！

メモリを復元しています…

なんと脳などの重要な器官が失われても
再生することができるというからおどろきだ

そんなはなれわざを可能とするウーパールーパーの
特別な細胞の研究がさらに進められているぞ

いつの日か人間の体の失われた組織を
再生する鍵となるかもしれない…！

ニョキ

からの〜…

よかったよかった

それは
ムリ
じゃね

うにょ

さらには
こんな
ことも…？

ウワーッ

ズバッ

うにょ

まっぷたつになっても…

元通り！

ふえて
るし

第4章

むし の なかま

えっほ

えっほ

むしは どんないきもの?

アリ

オオスカシバ

体が小さい

ほかのいきものたちと比べて体が小さく、最大のむしでも 60cmほど

ブーン

テントウムシ

数百万種のなかま

陸、空、水の中などどこにでもいる。いきもののグループでもっとも種類が多い

フンコロガシ

地球は虫の惑星!

ムシ すんな〜

サソリ

「むし」と呼ばれているが昆虫ではないいきものもいる

イチ推しむし

ピーコックスパイダー

色鮮やかできれいなクモのなかま。生き残るためにおどりをして、けなげにがんばっている。

くわしくは P173

オオスズメバチ

無敵の殺りくマシン!?

国内最大のスズメバチ!

時速40kmのスピードで飛ぶ！走って逃げるのはむずかしいだろう

強力なアゴでえものを切りさく

失せな

カチカチ

アゴをならして「いかく」する

いっちょやるか

毒の強さ、凶暴さともに日本でもっとも危険な生物の一種なのはまちがいない…

毎年20人ほどがスズメバチの毒で死亡（クマによる被害よりもずっと多い）

キャー

こわいね

おしりの針から毒を注入

ウォーッ

ドスッ

グワーッ

ブルブルブル

戦闘力は昆虫界で最強クラスに近い！わずか30匹のオオスズメバチが3万匹のミツバチを数時間で全滅させることも…

いきものデータ

地面の下に巣があるため気がつかずに近づき、人がおそわれる事故がよく起こる。毒針は産卵管が変化したものなので、刺すのはメスだけ。オスは繁殖のときに働くだけで、数は少ない。

……

スズメ

なにみてんだ

コラッ

大きさ	27〜37mm（働きバチ）、50mm（女王バチ）

分類	スズメバチ科	**えもの**	花のみつ、樹液、昆虫	**生息地**	北海道〜九州、対馬など

おどろき！

最強のオオスズメバチでも…
ミツバチに逆襲されることがある！

Lv.1

VS

Lv.99

昆虫最強級と名高い
オオスズメバチと
一匹一匹は弱いミツバチ…
まったく勝負にならないと
思いきや…？

なんだコラーッ

なんと大量のミツバチが
オオスズメバチに群がり
ボールのように取りかこむ！

ウワーッ　ブブ
ブ　ブ
ブ　ブ
ブ

ミツバチは体を振動させて
体温を上げることで
オオスズメバチを
「蒸し殺す」のである！
（温度は46度まで上がる）
ニホンミツバチなどの
アジアにいるミツバチだけが
行う　対スズメバチ作戦だ！

その名も
「熱殺蜂球」！

圧倒的な強さを誇るオオスズメバチ…
だが個体の「強さ」だけが必ずしも
勝敗を決めるわけではない…
それが昆虫の世界の奥深いところだ

たまには 勝つ

ナナホシテントウ
春に輝く7つ星

真っ赤なボディに黒い7つの斑紋をもつ！
もっとも ポピュラーな テントウムシの仲間だ

英語で
レディバグ
（貴婦人の虫）

レディ
レディバグ

ごきげんよう

パンクな
色合い

太陽（お天道様）に向かって
飛んでいく性質が
「天道虫」の由来

どこ
いくねん

YEAH〜

えっほ

えっほ

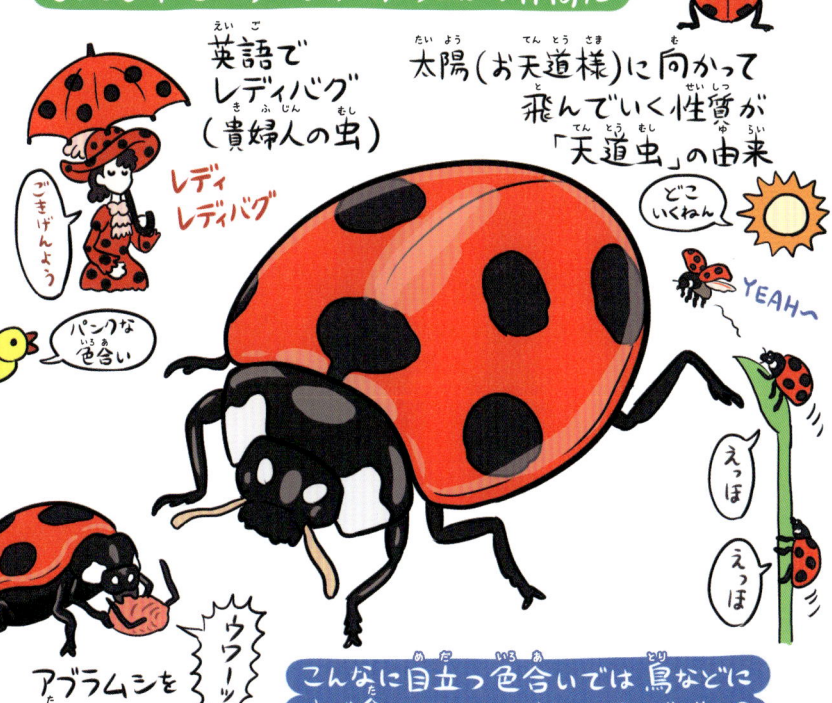

アブラムシを
食べる

ウワーッ

こんなに目立つ色合いでは 鳥などに
すぐ食べられてしまいそうだが…?

いきものデータ

さなぎから羽化したてのときは黄色っぽいけど、だんだんもようがあらわれて赤く変わるよ。成虫になってからの寿命は2〜3か月と短いけど、たくさんの卵を産んで子孫を残すんだ。

ミニトマト

もよう
ないの?

大きさ 8mm

分類	えもの	生息地
テントウムシ科	アブラムシなど	日本、アジア、ヨーロッパ

ウラのすがた ⑥

ギャップ…

ナナホシテントウには…
毒がある！

赤黒カラーが目立ちまくりなナナホシテントウだが
鳥たちに襲われることはない！
なぜならナナホシテントウは
体に毒を持っているからだ！

ピンチになると
体から黄色い液を出す。

うせな

幼虫も同様

その液には「アルカロイド」という毒が含まれ
臭い匂いを放つ上にとても苦い味がする。
テントウムシの派手な色合いは
鳥たちへの「警告」として機能するのだ。

それゆえ、本当は毒など持っていないのに
ナナホシテントウに色や模様が似た姿が
鳥などから身を守る役に立っている昆虫も多い

テントウムシでもなんでもない者の会

ゲッ

ナオオオオ

なんとゴキブリの仲間まで…！

コンニチワ

ぼくたち

テントウムシじゃ

ありませ〜ん

ヨツボシテントウダマシ　　ヨツボシナガツツハムシ　　テントウゴキブリの仲間

テントウムシのキュートで
「毒々しい」色と模様は
昆虫界で永遠に流行し続ける
ファッショントレンドなのだ！

有毒！レディレディバグ

カ

うっとうしい隣人

耳ざわりな羽音と かゆくなるひと刺しで
おなじみのやっかいな吸血昆虫だ!

血を吸うのは
産卵前のメスのみ

100%生しぼり

ちゅ～

ふだんは
花のみつや
果汁を
飲んでいる

そりゃ
ドス

じつは
6本もの針を
使って刺している!

刺されると
アレルギーを引き起こす
唾液が注入されるため
かゆくなる

1秒間に
800回も羽を
はばたかせているため
独特の羽音がする
(他の昆虫の倍以上)

プ～ン

うるさっ

幼虫はボウフラと
よばれ
水たまりや
池・沼などで
生まれる

ワーイ

いちばん古い化石は
1億7千万年前…

ジュラ紀…
つまり
恐竜の時代から
カは生きていたのだ

手が届かん
ちゅー

くそう…

あのバケモノの
ケムリに気をつけな

うん…

こわ…

小さな虫に
すぎないカだが…?

世界に約2500種、日本では、約100種のカがいる。昆虫のハネはふつうは4枚だが、カのなかまは後ろばねがなく、2枚だけなのが特徴だ。吸った血は卵を育てる栄養にするんだ。

大きさ	1～15mm

分類	カ科	えもの	花のみつ、果物の汁	生息地	世界中

力は…
人類の最強の敵!?

この世でもっとも多くの人間を死に至らしめている
いきもの… それはなんと「力」なのである!

サメ
年間死亡者
10人

ライオン
年間死亡者
250人

そして力！

年間死亡者
なんと…
100万人！

サメやライオンのように大怪我をさせることはないが
なんと1年間に100万人もの人が
力に刺されたことによってうつされた病原菌が原因で
命を落としているという…

この数字を見れば
まちがいなく人類にとって
最悪の害虫であり
「最強の敵」であると
いえるだろう…

ラスボス戦

おろかな人間ども…
私に勝つつもりか？ ❤

あわれな
人間よ…

プ

うるさいな〜

これにより人間の耳は
力の「プーーン」という音を
「危険で不快な音」として
聞き分けられるように
進化したという説もあるほどだ

なにを
みている

人間め！

とはいえ力もまた自然の一部…
その生態をよく知ることが
何よりの対策になるだろう

ヨロイモグラゴキブリ
スーパーヘビー級GK

世界最大級にして世界でもっとも「重い」ゴキブリ！

オーストラリアに生息している

重すぎて飛べない…

こわ～
よろいもぐら

ゴキブリ
ウェーイ

いいな～

他の多くのゴキブリとちがい成長しても羽はもたない

体重は最大で35g！
ジャンガリアンハムスターと同じ重さ

？

いいにおい…
くん
ママ～
くん

野生では(モグラの名前通り)地中にトンネルをつくって家族で生活するよ

カブトムシより大きい

オスなのにツノないの

わるいか
チビめ

いきものデータ

このゴキブリはユーカリの森の地面にトンネルをほって暮らしていて、食べ物も落ち葉だから汚くない。落ち葉を食べたあと、ウンチは植物の肥料としてリサイクルしているよ。

大きさ　75mm

分類	オオゴキブリ科	えもの	ユーカリの葉	生息地	オーストラリア

じつはすごい
ヨロイモグラゴキブリは…
人気のペット!?

なんとヨロイモグラゴキブリは
ペットとして人気が高い…!

スリ
スリ

いいこ
だね〜

どうも

見た目はずんぐりしていて
動きもダンゴムシのように
とてもゆっくり…

手に乗せたりして
かわいがる人も
多いようだ

値段は3万円〜5万円ほど!
めずらしい昆虫なので当然高級だ

子犬よりは
お手頃
(?)
だが…

くらべ
るなよ

10年生きる
個体もいるという

嫌われる虫の
代表格ゴキブリだが
形や動きがちがえば
愛されペットになる…!

	何がちがう ってゅー...	いろいろ ちがうだろ
形	シャープ	ずんぐり
動き	はやい	のろのろ

人間たちとゴキブリが
なかよく暮らす未来も
あるのかもしれない…

かえり
たい

ハキリアリ
はっぱカッター！

アメリカ大陸（たいりく）に生息（せいそく）するアリ！

ザク

ザク

するどいアゴで
植物（しょくぶつ）の葉（は）を
切（き）り落（お）とし
行列（ぎょうれつ）になって
巣（す）に運（はこ）ぶよ

パーッ

パーッ

のろのろ
すんなー

さっさと
すすめー

 パパーッ

なんの音（おと）だよ

高速道路（こうそくどうろ）のように
道（みち）の草（くさ）を刈（か）り取（と）って
整備（せいび）することも！

ハキリアリ・ハイウェイ

葉（は）に乗（の）っているアリもいる
非常事態（ひじょうじたい）には
ボディガードになるぞ

がんばれー

ラクをしている
わけではない
…たぶん

いきものデータ

ハキリアリのなかまは 256 種（しゅ）もいて、ほとんどが熱帯（ねったい）ジャングルにすんでいる。大集団（だいしゅうだん）で農作物（のうさくもつ）の葉（は）を切（き）り取（と）ってしまうので、農家（のうか）の人（ひと）からは大害虫（だいがいちゅう）として恐（おそ）れられているぞ。

つかれたー

きゅうり

あまえんな
コラッ

大（おお）きさ		3〜20mm
分類（ぶんるい） アリ科（か）	えもの 菌類（きんるい）	生息地（せいそくち） 北（きた）アメリカ南東部（なんとうぶ）〜南（みなみ）アメリカ

すごいぞ！

ハキリアリは なんと…
「農業」を行う！

なんとハキリアリはまるで「農業」のように
自分たちのエサを育てる！

農

農業王に
俺はなる！

運んできた葉を栄養にして
巣の中でキノコを育てているのだ…！
キノコといっても
いわゆる「キノコ」状ではなく ×
白いスポンジ状のかたまりになる
ハキリアリたちはこの「キノコ」を食べて生きているぞ

モコ

モコ

・キノコを育てるアリ
・葉を運ぶアリ
・戦う兵隊アリ…など
それぞれに役割がある
そんな高い社会性をもつ
ハキリアリだからこそ
「農業」のように複雑な
作業を行えるのだろう
人間が農業をはじめてから
約1万年と言われるが
ハキリアリは5000万年も
「農業」を続けている大先輩なのである…

アリの宅急便

めっし
ほうこう

〜とれたて生キノコの
もりあわせ〜

めし
あがれ

けっこう
です…

ゲンジボタル

真夏（まなつ）の夜（よる）の シャイニング

あわい光（ひかり）を放（はな）ちながら優雅（ゆうが）に空（そら）を舞（ま）う
日本（にっぽん）の夏（なつ）の風物詩（ふうぶつし）とされる昆虫（こんちゅう）！

おしりを光（ひか）らせることでなかまと
コミュニケーションをとる

日本（にっぽん）の40種（しゅ）の
ホタルのうち
光（ひか）るのは
10種（しゅ）ほど

スイ〜

多（おお）くのホタルは
幼虫時代（ようちゅうじだい）を
地上（ちじょう）ですごすが
ゲンジボタルは
水中（すいちゅう）ですごす

ドモ〜

おしりに「発光器（はっこうき）」があり
体内（たいない）にある発光（はっこう）する物質（ぶっしつ）と
酵素（こうそ）を使（つか）って光（ひかり）を出（だ）すぞ

マズイ

ぺえっ

カワニナという
巻貝（まきがい）を食（た）べる

ウワーッ

うまい

ムシャ ムシャ

体（からだ）の赤色（あかいろ）は
「食（た）べるとまずいよ」
という警戒色（けいかいしょく）の
意味（いみ）もある

ホタルの光（ひかり）にはさらなるひみつが…？

成虫（せいちゅう）で光（ひか）らないホタルもいるが、ゲンジボタルは、卵（たまご）、幼虫（ようちゅう）、さなぎ、成虫（せいちゅう）のすべてが光（ひか）る。卵（たまご）や幼虫（ようちゅう）などが光（ひか）るのは敵（てき）をおどかすためか、何（なに）かの刺激（しげき）に反応（はんのう）していると考（かんが）えられている。

豆電球（まめでんきゅう）

ウォッ

大（おお）きさ 10〜16mm

分類（ぶんるい）	えもの	生息地（せいそくち）
ホタル科（か）	カワニナ	本州（ほんしゅう）、四国（しこく）、九州（きゅうしゅう）

じつはすごい ゲンジボタルの光には…

関東弁と関西弁がある!?

ホタルの光の発光パターンは
富士山のあたりを境に
「関東型」「関西型」に
分かれている
という…！

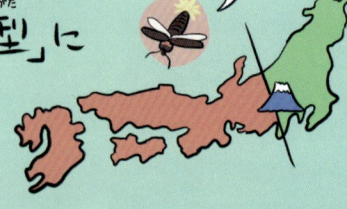

そだね〜
北海道

せやな

そうね

ホタルの達人

フルコンボ
だピカ

西	**250** コンボ	ピカ	ピカ	ピカ	ピカ
東	**235** コンボ	ピカ		ピカ	

東西でちがうのは
光を放つ間隔だ
西日本のホタルは2秒間
東日本のホタルは4秒間
と2倍以上の開きがある

博多弁　　津軽弁

ぐぬぬ…

ばり好いとう…

なのこと
好きだはんで

なんて？

西　　東

発光パターンがちがう
ホタル同士では
オスとメスを
認識することができず
子孫を残せないという…
ホタルにとっての「言葉」というべき
「光」はそれほどまでに重要なのだ

じれったい

つきあっ
ちゃえよ
もう

ハナカマキリ

花かと思えば…!?

東南アジアなどに生息する
ランの花そっくりのカマキリ！

花とまちがえて
近よってきた
ミツバチなどの虫を
すばやく狩る！

そのスピードは
0.03秒！

花だ〜。

ウワーッ

シュバッ

子どものときは特に
花にそっくり

花に
にているのは
メスの
ハナカマキリ

オスは
小さく
色も地味

ハナカマキリは
ランの花と同じように
紫外線を吸収するので
紫外線を見ることができる
ミツバチも だませるぞ

ミツバチの視界

花

おなじ

ハナ
カマキリ

アチョーッ

ホアーッ

やめて
くんない

メス

オス

日本のカマキリ

いきものデータ

花にうまく化けているメスとちがい、小さくて色も地味なオス。それでもたくましく生きていて、小さな体をいかしてすばやく動くことでえものをとったりメスに近づいたりするんだ。

分類	えもの	生息地
ハナカマキリ科	昆虫	東南アジア

大きさ 70mm（メス）、35mm（オス）

すごいぞ！

ハナカマキリにはじつは…
さらなる奥（おく）の手（て）が あった！

はわわ～♡

ジュルリ…

ハナカマキリの姿（すがた）に
だまされたハチは
なぜかわざわざ正面（しょうめん）から
近（ちか）づいてくる…！

まるで食（た）べてくださいといわんばかりに…

なんとハナカマキリは
花（はな）に化（ば）けるだけでなく
ミツバチを
引（ひ）きつける化学物質（かがくぶっしつ）を
出（だ）していたのである！

フラ…
カモ～ン

シュ～

ミツバチがなかま同士（どうし）で
合図（あいず）するのに用（もち）いる
においにた物質（ぶっしつ）を使（つか）い
ハナカマキリをミツバチの
なかまとかんちがいさせるのだ！

おいでませ

おいしいよ

おいしいよ～
（おまえが）

見（み）た目（め）だけでなく においも使（つか）って
徹底的（てっていてき）に えものを あざむく…
美（うつく）しくも 恐（おそ）るべき「だまし」の達人（たつじん）である

74 アフリカナイズドミツバチ

ワイルド・ハニー？

**アフリカミツバチとセイヨウミツバチを
人の手で かけ合わせて 生み出されたハチ！**

ミツバチといえば ハチミツ！
みつをたくさん 集められる
ミツバチを人の手で
かけ合わせてつくろうという
計画が あった…

アフリカミツバチは
セイヨウミツバチよりも…
・群れをつくりやすい
・巣を守る力が 高い
…などの長所がある

アフリカ
セイヨウ
エリート
ミツバチ

当初は2種の
ミツバチの
よい特徴を合わせた
熱帯地域ブラジルでの
ハチミツづくりにぴったりの
「理想のミツバチ」が生み出される
はずだった…

あばよ

バリ

ガラスはわれないだろ

しかし ある日
研究所から実験中のハチが 逃げ出してしまい…？

いきものデータ

アフリカナイズドミツバチは健康食品などに使われるプロポリスをつくる能力が高く、注目されている。プロポリスはミツバチが集めた樹脂と自分の唾液をまぜてつくる巣の材料のひとつ。

ミツバチの中では
少し小さめ

あいしてるよ
ハニー

大きさ 10 〜 20mm

分類	えもの	生息地
ミツバチ科	花のみつ	ブラジル、オーストラリア、アメリカ

アフリカナイズドミツバチは…
「殺人バチ」の異名をもつ！

研究所から脱走したアフリカナイズドミツバチは
予測外の進化を遂げた！
繁殖をくりかえしながら
生息地域をどんどん拡大！

オラーッ

オラーッ

・群れをつくりやすい → 大量になかまが増えて大群化！
・巣を守る力が高い → 攻撃力もとても高い！
　という性質に加えて
・なわばりに入った敵をしつこく追いかける
・1匹の毒は強くないが大群だと猛毒に！

…といったこともあって
ついに手がつけられなくなる！
小さなミツバチにもかかわらず
「キラービー（殺人バチ）」と
呼ばれて恐れられる虫と
なってしまった…！

**クマさん
殺人事件**

現在は性格がおだやかな
イタリアミツバチなどと
交配させることで
少しずつ凶暴さをうすめていく
対策がとられているという…

アモーレ

ほう

はちみつ
ピザ

ルブロンオオツチグモ

恐るべき猛毒グモ…?

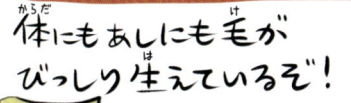
タランチュラと呼ばれる毛むくじゃらで大きなクモ!

体にもあしにも毛が
びっしり生えているぞ!

「タランチュラ」はもともとは
ヨーロッパのコモリグモを
指す言葉だったが今では
広く毒グモを指している

ローズ
ヘアー

極細の毛を
飛ばして
攻撃する

コバルト
ブルー

色鮮やかで
きれいな
種類も多い

キバは
するどい!
プラスチック
くらいなら
食いやぶるぞ

鳥を食べることも
あるため
「バードイーター」
とも呼ばれるよ

（子犬くらいの大きさになることも…）

ウワーッ

アミ状の罠はつくらず
直接おそいかかる

恐ろしい見た目で猛毒グモのイメージが強いが…?

いきものデータ

南アメリカの一部では、ルブロンオオ
ツチグモを食べる人たちがいる。体を
おおっている毛を焼いてから、バナナ
の葉につつんで、蒸し焼きにするんだ。
エビのような味がするらしいよ。

じつはペット人気も高い…

大きさ 10cm

分類	オオツチグモ科	えもの	昆虫、小鳥など	生息地	南アメリカ北部

おどろき！

タランチュラはじつは…
ぬれぎぬを着せられている！

猛毒グモだー！

ええっ

タランチュラが
恐ろしい毒を
もっている…
というのは
じつは
誤解だ！

現在タランチュラと呼ばれているクモたちの毒は
決してそこまで強いものではない（ハチの毒より弱い）

はじめに「タランチュラ」と呼ばれていた
ヨーロッパのコモリグモの近くには
サソリや ジュウサンボシゴケグモが
生息している

ボクたちが 殺りました

それらに人が刺されて
死ぬことがあり
タランチュラのせいに
されたのだろう…

それでもボクは殺ってない

見た目の恐ろしさが
必ずしも危険度を
表すわけではないのだ

誤認逮捕

一体俺が
何をした

でもキバや毛攻撃は
危ないので注意…

ピーコックスパイダー
きらめけ！ダンスマスター

オーストラリアに生息するハエトリグモのなかま

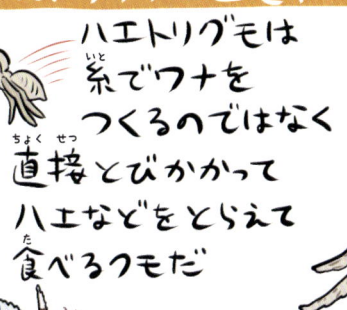

ハエトリグモは
糸でワナを
つくるのではなく
直接とびかかって
ハエなどをとらえて
食べるクモだ

オス

フーム...

メス

ピーコックスパイダーは
なんとハデなダンスをおどって
メスの興味をさそうぞ！

色鮮やかな扇のような
おなかのもようはまさに
ピーコック（孔雀）だ

たのし
そうね

Hey

Hoo!

種類によってもようもダンスもさまざま

日本の
ハエトリ
グモ

ハデ

Hey！

おはじき

いきものデータ

ハエトリグモは、えものを追いかけてジャンプするときに、命づなとして糸を使うよ。オーストラリアにはカラフルなもようの種が多く、約50種のいろいろなもようのなかまがいるぞ。

大きさ　5mm

分類	ハエトリグモ科	えもの	小さな虫など	生息地	オーストラリアなど

ふしぎ！？

ピーコックスパイダーのダンスは…
命がけ！？

Hey! Hey! Hey!

ピーコックスパイダーの
オスはダンスで
メスにアピール
するのだが…

うーん…

なんとダンスが下手なオスは
メスに食べられてしまう
ことがある!!

くっちゃお

楽しげにみえる
求愛ダンスは
まさしく命がけ
なのである…!

ガブッ

グワーッ

ハエトリグモのなかまは目がよいので
見た目にうったえかけるアピールを
していると考えられているぞ
だがメスにとってはダンスよりも
もようのきれいさの方が重要
という切ない説もある…

Hey!

次

げふ

クジャク

なら

おどらない方が
得なのでは…?

…と思わなくもないが
おどらずにはいられない理由が
きっとあるのだろう…

気に入らなくても
食べないでね

クジャク
メス

は?

第5章

魚類のなかま

あんしん

魚類は
どんないきもの？

トビウオ

水の中ですごす

ほとんどの魚はエラで呼吸をして、一生を水の中ですごす

ちょっとだけ
空を飛ぶ魚もいる

スネイルフィッシュ

ディープだぜ…

深海で暮らす魚も……

イシダイ

トビハゼ

浅瀬で陸に上がる魚もいる

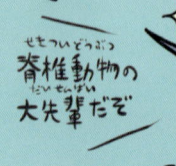

脊椎動物の
大先輩だぞ

鼻たかだか！

脊椎動物の大先輩

脊椎動物（背骨をもついきもの）の先駆け。両生類、は虫類、ほ乳類などは、おおもとをたどると魚類から進化している

それ鼻？

（正確には0勿）

◎イチ推し
魚類

なんといってもでかい！　しかし、その大きさのせいで、危ない目にあうこともしばしば……。

ピラルクー

くわしくはP209

ミツクリザメ
必殺！深海ザメ

ブレード状の長い吻が特徴的な深海のサメ！

1898年に日本で発見された。

発見者・箕作佳吉に
ちなんだ名前

かっこいいだろ！

ミツクリエナガ
チョウチン
アンコウ

こぇーよ

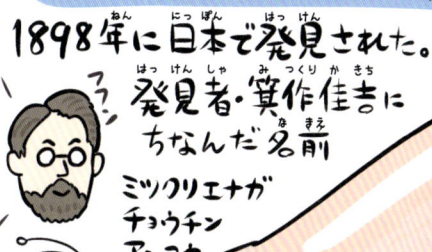

吻の電気受容器（ロレンチニ瓶）で
海底のえものを探すぞ

ゴブリン

欧米では「悪魔のサメ」
（ゴブリン・シャーク）
と呼ばれる

天狗

日本では「テングザメ」とも…

「悪魔」の異名にふさわしい必殺技とは…？

いきものデータ

水深300〜1000mの深海にすむサメ。口の中にはするどく細いフォークのような歯がたくさん並んでいる。体がやわらかく、長い尾をゆらゆらと振るようにしてゆったりと泳ぐ。

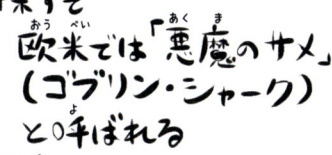

メリー
ミツクリスマス…

大きさ 3.5〜6m

分類	えもの	生息地
ミツクリザメ科	魚、カニなど	日本近海、太平洋

おどろき！

ミツクリザメは…
「パチンコ」のようにアゴを出す!?

ミツクリザメには「必殺技」がある。

えものを見つけると、
アゴを120度近くまで
大きく開き…

アゴをすばやく
突き出して
えものを捕らえる！

ガバッ

わずか約0.3秒の
稲妻のような
スピードだ

アゴが飛び出す速度は
魚類最速の
秒速3.14m！

バシュッ

ウワーッ

専門家は「パチンコ式摂餌」と命名。

なんだコレ

えほん ミツクリザメ

ガバッ

とびだす絵本!?

ミツクリザメはヒレの構造上、
泳ぐ速度があまり速くない。

だからこそ、
「飛び道具」のような
超スピードのあごを
獲得したのかもしれない。

ウバザメ

飲みこまれそうな巨大ザメ

最大級のサメにして
世界で2番目に大きい魚!
(1位はジンベエザメ)

口の横幅は
1mにも
なる!

ガパア

よんだ?

大きな
死がいが
未確認
生物の
ものだと
かんちがい
される
ことも…

えものを
食べるとき
大きく
開くぞ

小さな
するどい
歯が
口の
ふちに
たくさん
ついている

ネッシーだー!

ちがうよ

巨大な口に飲みこまれそう…と
恐怖をおぼえるかもしれないが…?

いきものデータ

大きな口の中には、とても小さな歯が
たくさん生えている。世界一大きいサ
メ・ジンベエザメや深海の巨大なサ
メ・メガマウスザメも同じような特徴
をもっている。

ウワーッ

大きさ	10m、まれに15m		
分類	ウバザメ科	えもの	プランクトン
生息地	世界中の温帯・寒帯域		

おどろき！

ウバザメは…

大きいけど怖くない…!?

超巨大なサメ・ウバザメは一見おそろしいが
人を食べることはまずありえない！

ウワーッ

ズォォォ

どいて

じゃま

ウバザメは口を開けて
ゆっくり泳ぐことで
水中のプランクトンを
食べているのである

エラで海水から
プランクトンを
こしとる

ウバザメは英語では
「日光浴サメ」など
のんびりしたイメージの
名前で呼ばれる

ぽか

ぽか

は〜〜

たべない？

たべないっての

ゾウザメ
という
呼び名も

ダイバーと
いっしょに泳いで
くれることもある

だが動きがおそいこともあり
フカヒレを求めてたくさん
つかまえられてしまった
（今は条約で規制されている）
そののんびり具合から日本語では
バカザメとも呼ばれていたようだ…
まったくひどい話である

尾びれは
最高級の
フカ（鱶）ヒレ

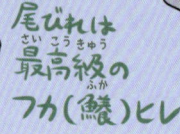

やっぱり
くったろ

ウワーッ

クロマグロ

海のスピードキング!?

海の弾丸とも呼ばれる高速で泳ぐ魚！
すべてをスピードにささげたかのような体の形だ

負けねぇぇ
ウォォォ
弾丸

尾びれを
すばやく
動かすための
筋肉の
でっぱりがある

ウラーッ

基本的には
尾びれを
使って泳ぐよ

他のひれは泳ぐ向きを
変えるときなどに使う

使わないときはたたんで
泳ぎのじゃまに
ならないようにする

群れで泳いで
イワシなどの群れを
おそって食べる

時速80kmで泳ぐというウワサもあるマグロだが…!?

いきものデータ

マグロのなかまで最大。本マグロとも呼ぶ。広い海を泳ぎ回って暮らし、日本からアメリカの西海岸まで泳ぐこともある。日本近海では、春になると北へ、秋・冬は南へと移動するんだ。

中トロ　大トロ　特大トロ

大きさ　3m

分類	えもの	生息地
サバ科	魚、イカ	日本近海、太平洋、大西洋の一部

おどろき！

じつはマグロは…

一生 泳ぎつづける マラソンランナー

超スピードで泳ぐイメージのある マグロだが
どちらかといえば 長距離 マラソンランナー
のような生活をしている…！
マグロは酸素をとりいれるために
泳ぎつづける必要があり
止まれば死んでしまうのだ

走り抜け…！

TORO

……

ねてる

ふつうの魚は岩場や水草に身をかくして
じっとしているときがあり
これが人間でいう「睡眠」にあたる
（目はとじない）

だがマグロは一生のうち
一度も止まることなく
泳ぎつづけ その平均時速は
7kmほどと言われる

最高時速も
18kmほどらしい…

自転車
くらい

ウオオオ

人間の
ジョギング
くらい

負けねええ

「海の弾丸」という異名のわりには
持久走タイプのマグロだが
きびしい海の世界では
速ければよいというものでもない…
長年の進化によって
最適なスピードを獲得したのだろう

くらいつけ…！

ウワァッ

チンアナゴ
ゆらゆらニョロニョロ

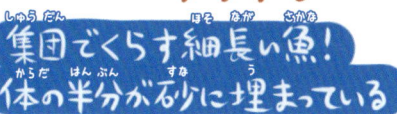

集団（しゅうだん）でくらす細長い（ほそながい）魚（さかな）！
体（からだ）の半分（はんぶん）が砂（すな）に埋まっている（うまっている）

犬（いぬ）の「狆」に
似ている（にている）ことが
名前（なまえ）の由来（ゆらい）らしい

ゆらゆらゆれて
流れてくる（ながれてくる）
小さな（ちいさな）えものを
食べる（たべる）

これは
チンアナゴ

これは
ニシキアナゴ
という別種（べっしゅ）

似て（にて）なくもない

敵（てき）が
近づく（ちかづく）と
すばやく
穴（あな）にかくれる

ひゅん

ヤベッ

流れてくる（ながれてくる）
ウンチを
食べて（たべて）しまう
ことも…

ぺっ
ぺっ

おなかの黒い（くろい）部分（ぶぶん）が肛門（こうもん）で
あとは全て（すべて）「しっぽ」

しっぽは
砂（すな）をかき分ける（わける）
ために かたく
なっている

全身（ぜんしん）を見せて（みせて）泳ぐ（およぐ）こともある

日本（にっぽん）では、高知県（こうちけん）より南（みなみ）のあたたかい
海（うみ）の砂地（すなち）にすんでいる。しっぽで砂（すな）を
ほったあとは、穴（あな）をかためるために体（からだ）
から粘液（ねんえき）を出す（だす）んだ。穴（あな）の深さ（ふかさ）は体長（たいちょう）
の倍以上（ばいいじょう）になることもあるという。

風（かぜ）にそよぐ植物（しょくぶつ）のように
ゆれる姿（すがた）は優雅（ゆうが）だが…？

いきものデータ

大きさ（おおきさ） 36cm

分類（ぶんるい）	アナゴ科（か）	えもの	プランクトン	生息地（せいそくち）	西太平洋（にしたいへいよう）・インド洋（よう）

マンボウ
海をただようヘビー級

※硬骨魚
（サメやエイ など以外の魚）

世界最大&最重量の硬骨魚！

意外にもフグのなかまだ

フグ

マジすか

脳はピーナッツほどの大きさ（約4g）

ピーナッツ

大大きいってこと？

どうも

重さは2.5トンにもなる
（アジアゾウのメスと同じ重さ）

800mもの深海へもぐれる

魚類でもっとも多くの卵を産む
（その数は8千万〜3億個とも）

ウラーッ

体には粒状のウロコ

けがするぜ

トゲトゲ

約5ミリ

イカやクラゲプランクトンなどを食べていると考えられる

マンボウの子どもはコンペイトウのような形

マンボウのユニークな体型にはどんなひみつが…？

皮ふに寄生虫がつきやすいので、マンボウは、寄生虫をふりはらうために海上でジャンプする。日光浴のとき、海鳥が、マンボウの体についた寄生虫をついばんでいることもわかったぞ。

海面で日光浴をする

プカ

ウェ〜〜イ

大きさ 2.8m

分類	マンボウ科	えもの	クラゲ、エビ、カニなど	生息地	世界中のあたたかい海

なぞだらけ！

マンボウは…

かなり独特な骨格をもつ！

外見からは わかりづらいが…
マンボウの骨格は
魚の中でも特に
変わっている！
まるで鳥の翼の
ように上下に
のびた「ひれ」

くちばしのように
上下一枚ずつ 並んだ歯

グワッ

弓矢の
ような形

ギリ

マンボウ
キューピッド

くらえ…

マン弓

ギリ

他の魚とちがい
尾びれがない

尾びれのように
見える部分は
「舵びれ」で
方向転換に使う

ぱた
ばた

背びれと尻びれの
一部が変化して
できた

そしてスカスカの胴体！
この特殊な骨格は
マンボウがフグのなかま
であることに関係している

食える
もんなら
食ってみな

ぷく～

フグは敵に飲みこまれないように
自分の体をふくらます能力を得た…
そのためには骨が ジャマだった

体を極限まで大きくすることで
生き残ってきたマンボウも また
おなかのまわりに 骨がないのである

アニキ～

ちがうよ

ユニークな体型は広大な海での生活に適応した証！
…とはいえ まだまだ マンボウの生態には なぞが多い…

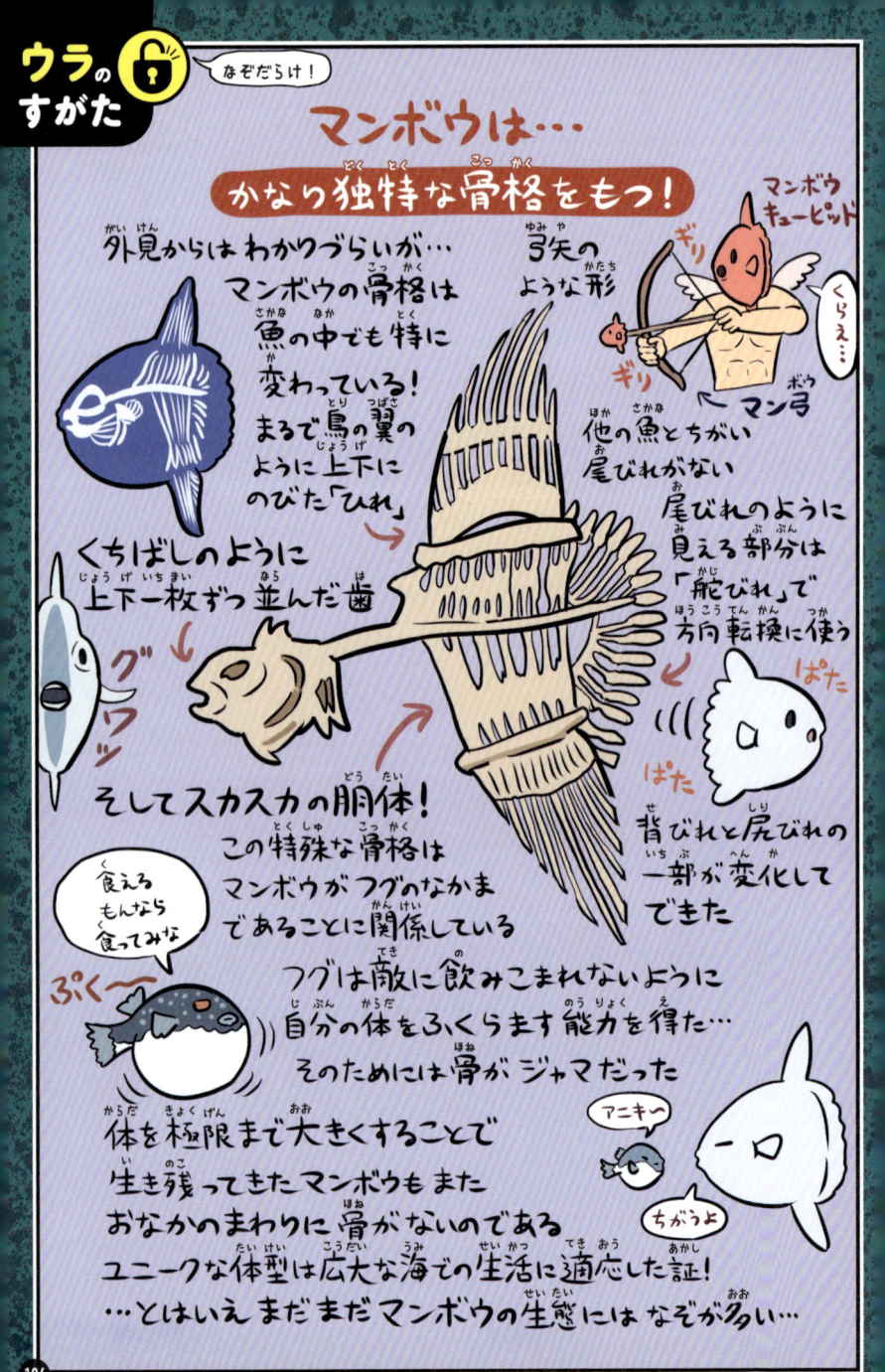

ダルマザメ

クッキーモンスター!?

棍棒のような体をした細長い深海ザメ!

ゴン

なにすんじゃ

（川福川）

だるまとは にてない

骨格が硬くりっぱで
かむ力が強い!

深海の
わずかな光を
とりこむ
ためか
目が大きい

上
下

上アゴの歯は短いトゲ状
下アゴはうすい三角形で
ステーキナイフのようだ

カルシウムをおぎなうため 抜けた歯を
自分で食べてしまうという説も…

COOKIE CUTTER

サメクッキー

英語で「クッキーカッターシャーク」!
「クッキーの型抜き」サメとは
どことなく かわいらしい 名前だが

じつは恐ろしい習性をもっていて…!?

いきものデータ

1000mほどの海にいる深海魚といわれるが、調べてみると1〜3000mの間を行ったり来たりしてえものを探しているらしい。おなかには発光器があり体を光らせることができるぞ。

クッキーづくりにぴったり!

ダルマザメめんぼう

コロ

コロ

ちがうそうじゃない

大きさ 56cm

分類	えもの	生息地
ヨロイザメ科	大型魚、イルカやクジラの肉	世界中の海

ふしぎ！？

ダルマザメは…

えものの肉をえぐりとる！！

ダルマザメの食事はとても独特だ
自分より大きなマグロなどの魚や
アザラシなどに とりついて
肉をえぐりとって食べるのである

！！

ガブ

えものの体には
アイスクリームを
スプーンで
すくい取ったような
キズあと
が残る…

これこそダルマザメが
「クッキーの型抜き」に
たとえられる理由だ

えものに 忍びよると
口を大きく開けて
体にかみつく！
そしてぐるっと
回転して
肉をえぐりとる！
半回転ほどで
肉のかたまりを
ゲットというわけだ

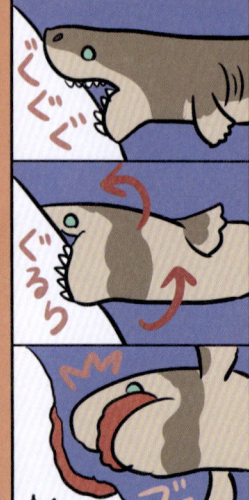

ぐぐぐ

ぐるる

ギャー

ブチッ

イタイ

完成！
ダルマザメ
クッキー

おいしいよ

さしみ
だろ

かたっっ

そりゃな

ガチッ

おそるべき
ダルマザメだが 時々
潜水艦や海底ケーブルなど
固すぎるものに かみついてしまう
ウッカリやさんな一面も…

デメニギス

深海で光る緑の目

ふくらんだ緑色の目と
透き通ったドームを頭部にもつ
奇妙すぎる外見の深海魚！

スゲー

クラゲの触手についた
小さなえものを
ねらうときに
触手が目を
きずつけない
ようにする
役割があると
考えられている

ドームの中は
液体でいっぱい

つるん☆

もぐ もぐ

あんしん

口の上の
黒い丸は
目ではなく
「鼻の穴」

くんくん

上向きの
目によって
上の方を
泳いでいる
えものを
見つける

フンフフーン♪

漢字で書くと「出目似鱚」
魚の「キス」ににている
「目が出た」魚というわけだ

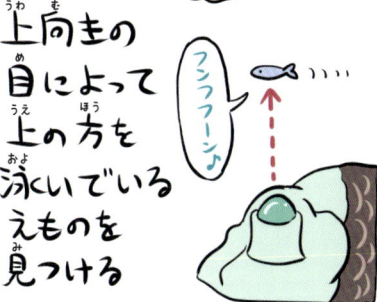

ちゅー〜　やめて　キスにキス

ふしぎ！？

デメニギスの目は…
前も向ける！

デメニギスの眼球はいつも
上を向いていて不便じゃないの？
と思うかもしれないが…

上しか
見えない
んでしょ

ケケッ

じつは眼球を前に
向けることもできる！！

ウワーッ

ボォ〜〜…

ギョロリ

200m　人間が光を感じる限界

デメニギスは
400〜800mに生息

1000m

無光

デメニギスの眼球は
深海に届くわずかな
太陽光を吸収し
暗闇でもえものを
見つけられるという…

おまえを
見てるぞ！

I'm
Watching
You

シビアな深海かくれんぼを
生きぬくための
超高性能な「出目」なのだ

タツノオトシゴ

ただよう海の馬

馬を連想する外見が
とても きみょうな
海のいきものだ

英語で
Sea horse
（海の馬）

つまようじのように細い
ヨウジウオの なかま

ウワーッ
チューッ

スポイトのような口で
水中のプランクトンや
甲殻類を吸いこむ

体は硬い骨板で
おおわれている

あんしん

サンゴや
海藻に
尾を巻きつけて
暮らしている

泳ぎは あまり
得意ではなく
海が 荒れると
死んでしまうことも…

ウワーッ

とても 小さな
タツノオトシゴ
もいる

つまようじ

でか

ちっさ

ピグミー
シーホース

いきものデータ

まったく魚に見えない形をしているけど、りっぱな魚で、目の後ろにえらぶたと胸びれがある。海藻やサンゴに姿をにせて、かくれながら尾びれを巻き付けて体を固定する種が多い。

分類	えもの	生息地	
ヨウジウオ科	プランクトン	世界中のあたたかい海	

大きさ 1.5〜35cm

なぞだらけ！

タツノオトシゴは…

オスが子どもを産む！

タツノオトシゴは なんと オスが「妊娠」して
子どもを産む とてもめずらしい動物だ！

ワーッ

ワーッ

ワーッ

オスのおなかには
袋（育児のう）があり
子づくりの
時期になると
メスはオスの袋に卵を産みつける！
オスは ていねいに 卵を世話する…

そして 2〜3週間後に
卵がかえるぞ！
子どもたちを水中に
数匹ずつ放出するすがたは
神秘的ながら 愛らしい

フンッ

ワーッ

ポン

タツノオトシゴ
の落とし子

つまり

龍の孫？

これも
よろしく

卵 NEW

えっもう

出産後 すぐにまた
メスが卵をもってくる
こともあるらしい…

チョウチンアンコウ

仄暗い水の底には？

深海に暮らすアンコウのなかま！

頭から のびている
釣りざおの
先にあるのは
「エスカ」
という器官

「エスカ」には
発光する 微生物が
すみついていて
光を出すぞ

キレイ！
ヤバイ…
超ヤバイ…

体に対して
口は上向きに
ひらいている

体の表面は
小さな
いぼが多く
でこぼこしている

光とユラユラした動きを
組み合わせて
えものを誘いこむのだ

アンコウ鍋など
食用にされるのは
もっと浅い海にすむ
キアンコウなどの
アンコウ

（もいろく
ないけど…）

ウォオオオ
はなせー
（どこ
いくの）

英語で
「フットボールフィッシュ」

いきものデータ			

600〜1200m ほどの深さにすむ深海魚。ごくまれに浅い海に浮上することもあるぞ。日本の海でも見つかっているが、大西洋で見つかることが多い。生態などはまだなぞだらけの魚だ。

大きさ　38cm（メス）、4cm（オス）

分類	チョウチンアンコウ科	えもの	魚、甲殻類	生息地	大西洋・太平洋

なぞだらけ！

チョウチンアンコウのオスは…

メスの体（からだ）の一部（いちぶ）になる!?

メス

チョウチンアンコウのオスは
メスよりも ずっと体（からだ）が小さい！
矮小（わいしょう）な（＝とても小さい）オス
という意味（いみ）の「矮雄（わいゆう）」と呼ばれる

オッ

うまそー

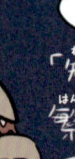

オレだよ
オレ…

オス

「矮雄（わいゆう）」である理由（りゆう）は
繁殖（はんしょく）のため！
チョウチンアンコウのオスは
繁殖（はんしょく）のときは
メスの体（からだ）にかみつき
寄生（きせい）して すごすのである

いてえ

ガブリ

好（す）きだぜ
ハニー

そして繁殖（はんしょく）を終（お）えると
ふたたび 独（ひと）り身（み）にもどり
広（ひろ）い深海（しんかい）を生（い）きていく…
このチョウチンアンコウの
寄生生活（きせいせいかつ）を
「一時付着型（いちじふちゃくがた）」と呼（よ）ぶ
しかし！深海（しんかい）にはさらに
おどろきの寄生生活（きせいせいかつ）をおくる
チョウチンアンコウの
なかまがいるという…

忘（わす）れないよ
ハニー…

なんか
ハラたつ

ビリ
ビリ

※最近（さいきん）では一方（いっぽう）だけが得（とく）をする「寄生（きせい）」ではなく
「共生（きょうせい）」という言（い）い方（かた）をする研究者（けんきゅうしゃ）もいる…
チョウチンアンコウの場合（ばあい）　オスは自分（じぶん）から
かみつくことで確実（かくじつ）に自分（じぶん）の子孫（しそん）が残（のこ）せるうえに
メスはオスを探（さが）すエネルギーを使（つか）わなくてすむので
どちらにもメリットがあるそうだ

ミックリエナガチョウチンアンコウも
オスがメスにくっつく点はいっしょだ
だが繁殖が終わってもオスは
ずっとメスの体から はなれない！

ガブリ

↓

イボ ノ ヌ ッ

1尾のメスに
2〜3尾の
オスがつく
ことも…

イボるべきか
死ぬべきか…

それどころか皮ふや血管などが
メスと完全につながって
メスに栄養をもらいつづける
暮らしになるのである
最終的にオスは目や内臓などが
機能しなくなり ただのイボのような
でっぱりになってしまう…
オスはメスと出会えないと
死んでしまうくらい ひ弱！
こうした特徴をもつ
アンコウの寄生生活は
「真性寄生型」と呼ばれる…
オスはイボになるか死ぬかを
選ばないと いけないのだ

もうひとつの生き方は
「任意寄生型」と呼ばれる！
ジョルダンヒレナガアンコウのように
独り身でも生きていくことができるが
一度くっついてしまうと
もうメスからはなれられなくなる
タイプの生き方だ
一生独りで生きていくか繁殖して
イボになるかを選ぶことになる…

いいな〜

an.kou
アン・コウ
幸せ
新婚生活！
もう二度と
はなれられない

ブキミで奇妙にも思えるチョウチンアンコウの生態だが
エサの少ない深海では これもまた立派な生存戦略なのだ

深海のアンコウ

深海のアンコウにはおどろきの特徴をもった種が
たくさんいる。ふしぎな姿を要チェックだ！

ユウレイ、オニ、
アクマ、ラクダ？
名前もすごい！

ジョルダンヒレナガ チョウチンアンコウ

長い大きな
ひれを広げて
海中に浮かぶ

ラクダアンコウ

メスの体は
丸っこい

目は
小さい

大きな口に
するどい歯

デバアクマアンコウ

頭から飛び出た長いさおは
先端が釣り針状になっている

さおを背中のさやにおさめる
こともできる

ユウレイオニアンコウ

頭にはツノのようなトゲ
顔の中央に
球状の
ルアー

体はほぼ透明

ビックリアンコウ

世界で2個体しか報告されていない
とてもめずらしいチョウチンアンコウ
他のアンコウとちがって細長い

がま口の
ように
大きな口

ばくん

ウワーッ

口にえものが入るとハエトリソウのように口がしまる！
まさに「びっくり」の行動だ

びっくり ハエトリソウ

ホンソメワケベラ

海のクリーニング屋さん

海のいきものの「掃除」をする小さな魚！

寄生虫や古くなった皮ふ、などを食べて
みんなの体をきれいにしてあげるのだ

口や
エラを
ひらいて
くれる

あーん

ごくろーさん

今日はいい…

そう言うなよ

かなりの怖いものしらずで
肉食のウツボや
猛毒をもつヒョウモンダコでも
おびえることなく お掃除するよ

クリーニングいかがっすか…

きたきた

掃除を待つ行列が
できることもある

最後尾

まだかなー

あ

ウワーッ

事故

独特のダンスをおどり
「掃除屋さんだよ！」
とアピール

でもたまーに
食べられてしまう

いきものデータ	サンゴ礁の海にすむ魚で、水深40mより浅いところで見られる。日本でも沖縄や小笠原の海ではおなじみの種類だ。掃除をする様子は水族館でもふつうに見られるから、観察してみよう。	

おれたち仲よくなれそうじゃん

ハブラシ

ヘーィ

あっちいって

大きさ 10cm

分類	ベラ科	えもの	魚についた寄生虫など	生息地	太平洋、インド洋

ふしぎ！？

ホンソメワケベラに擬態して…

詐欺を働く魚がいる!?

きもち〜

うめ〜

ホンソメワケベラがクリーニングをしているのは
もちろんただのボランティアではない…
手軽にエサが手に入ったり
強い魚などのまわりにいることで
おそれにくくなったり…といったメリットがある

そのメリットを利用しようとして
ホンソメワケベラのまねをするのが
ニセクロスジギンポという魚だ！
ホンソメワケベラにそっくりな姿を生かして
なんと他の魚をだますというウワサがある！

ククク…

ニセクロスジギンポ

正論ワケベラ

ニセホンソメワケベラじゃん

クリーニングしてもらおうと寄ってきた魚に近づいて…	いつものおねがい	ダンスもマネするという… ふりふり はーい ハハハハ
エラや皮ふの一部をかじり取るという！	いってえ	ブチィ

そっくり具合は
プロの
飼育員も
だまされる
ほど…

あれ！？　ボロ…　いたいよー
ホンソメワケベラかと…!?
ハハハハ

見分け方

口がまっすぐ
→ホンソメワケベラ

口が下向き
→ニセクロスジギンポ

ニャリ

ニセクロスジギンポの「だまし」行動は
今のところ水槽内で確認できただけで
胃の中を確かめても
魚のヒレなどは見つからなかったらしい…
じつはそこまで狡猾な魚ではないのか
本当に「だまし」のテクに長けた魚なのか…？
真相は魚たちだけが知っている…

え〜ん

わるいヤツがいるもんですな

やれやれ…

そいつもニセモノだよ

おまえもな

87 サーカスティック・フリンジヘッド

皮肉な微笑み？

太平洋に生息する魚！

ふだんは貝殻や岩に身を隠している
「フリンジヘッド」とは頭についた
アンテナのような突起が由来
これでまわりのようすなどを
探っているのではないかと
言われる

小さな岩穴から
ひょっこり
顔を出す
コケギンポ
のなかま

こわ…

サーカスティックとは
「皮肉な」という意味
独特のニヤリとした
表情が
由来？

フン

雑魚
めが…

あんたも
魚でしょ

なわばりに入ったものに
おそいかかる！

雑魚
めー！

タコだよ
失礼な

オラーッ

ただでさえコワモテな
この魚にはさらに
恐ろしいひみつが あって…？

いきものデータ

日本ではエイリアンフィッシュとも呼ばれているぞ。大きな頭に大きな目をしていて、体は細長いのが特徴だ。頭にあるアンテナのような部分で、ほかの魚の気配を感じているらしい。

小さい家め

うるさいな

フン

大きさ 25cm

分類	コケギンポ科	えもの	小さな魚、エビなど	生息地	アメリカ西海岸

ゴマモンガラ
サンゴ礁の巨大魚

海の底にすんでいる大きな魚！

幼魚のときの
ゴマのような
体の柄が
名前の由来だ

するどい歯で
サンゴや
カニ・エビや
ウニなどを
食べる

バリバリ

ウワーッ

ゴマモンガラの属する
モンガラカワハギ科のなかまは
きれいなもようをしていることが多い

モンガラカワハギ

タスキモンガラ

ピカソトリガーフィッシュ

ふだんはおとなしく臆病な魚だが…？

いきものデータ

黄色と黒のハデな魚。群れることはなく1匹で泳いでいることが多い。かたいえものでもバリバリとかみくだけるのは、口の中にオウムのくちばしのようなするどい歯があるからだ。

ゴマフアザラシ
？
おそろ
幼魚

大きさ 75cm

分類	モンガラカワハギ科	えもの	サンゴ、カニ、貝、ウニ	生息地	西太平洋、インド洋

ギャップ…

ゴマモンガラは…

ダイバーに もっとも おそれられている魚！

うっかり なわばりに 入ると…

!!

どこまでも…

どこまでも…

追ってくる!!

ゴマモンガラは
繁殖期になると
なわばりに入ってきた者を
執念深く追ってきて
するどい歯でかみつくぞ！
大ケガにつながる
こともあるため
子育て中の
ゴマモンガラを見たら
「逃げろ」がダイバーの鉄則！

ある意味 サメよりも
おそれられている魚だ

ウァァァ

ダイビングスーツを
くいやぶることも…

イタイ

もう大丈夫
ですよ〜

人間が何もしていなくても
近づいただけでおそってくる
海の生きものは珍しい…
それだけ子育てに
必死ということだろう

進撃の
ゴマモン

ウワーッ

ちなみにゴマモンガラの英語名は
「タイタン（巨人）・トリガーフィッシュ」

コバンザメ
ぴったりスイム

大型（おおがた）の魚（さかな）や動物（どうぶつ）に
「くっついて」移動（いどう）する
いわば水中（すいちゅう）ヒッチハイカー

のーせて

頭（あたま）が大（おお）きな吸盤（きゅうばん）になっていて
他（ほか）の魚（さかな）にくっつくぞ

この吸盤（きゅうばん）が
昔（むかし）のお金（かね）の
小判（こばん）のような
見（み）た目（め）なので
「小判鮫（こばんざめ）」
という
名前（なまえ）がついた

サメに
こばん

くっつく
メリットは
エネルギーの
節約（せつやく）だけではない
強（つよ）いサメにくっつけば
敵（てき）におそれにくいし
サメの食（た）べのこしを
ゲットすることもできる

ズシリ

いいかげんに
せえよ

たくさん くっついて
いることも…

一見（いっけん）ラクばかりしてる
コバンザメだが…？

じつはサメではなく
タイやアジに近（ちか）い仲間（なかま）だ

よっサメさん

うっせ

いきものデータ

体（からだ）の形（かたち）がサメに似（に）ているので、この名前（なまえ）がつけられたけれど、サメとはぜんぜん関係（かんけい）がない。他（ほか）の魚（さかな）にくっつくのは子（こ）どもが多（おお）く、大人（おとな）になると自由（じゆう）に泳（およ）いで生活（せいかつ）をするものもいる。

大（おお）きさ　100cm

分類（ぶんるい）	えもの	生息地（せいそくち）
コバンザメ科（か）	甲殻類（こうかくるい）など	東太平洋（ひがしたいへいよう）をのぞく世界中（せかいじゅう）のあたたかい海（うみ）

🔓**6**

すごいぞ！

じつはコバンザメは…

みんなの役にたっている!?

一見「ただ乗り」してばかりに
見える コバンザメだが
体についた寄生虫を
食べてくれることもあり
くっつかれる側にも メリットはある

ほんと
かね

ほんと
ほんと

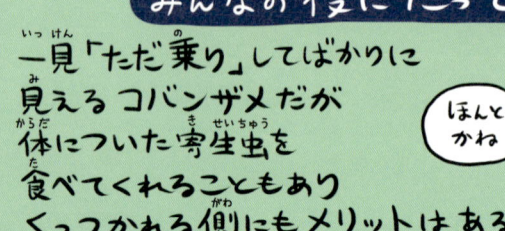

それだけでなく…なんと人間の役にも立っている!

コバンザメの吸盤はとても強力だ
魚が泳ごうが はねようが
多少の動きではびくともしない!

もぉー

ムグムグ

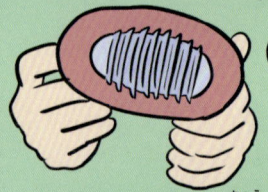

強力なツメ

コバンザメが
うっとうしくて
ジャンプするイルカ

なんとその「吸着力」を再現した「ロボット」が
開発中だという…!

こういうの
じゃないの

メカコバンザメ

自分の体重の
340倍の重さを
支えられるそうだ

たとえばこの調査ロボットをサメやイルカに
くっつけることで
よりくわしい データを
取ることができるだろう
ちょっと うっとうしい
コバンザメだが
その能力は可能性に
満ちているのだ…

データを
はかっています

ピーッ

うっとうしいのが
増えてない?

アマミホシゾラフグ

ミステリー・フグ

いもーれ
(ようこそ)

奄美大島の近くにすむ小さなフグ！
2012年に新しく発見された新種だ

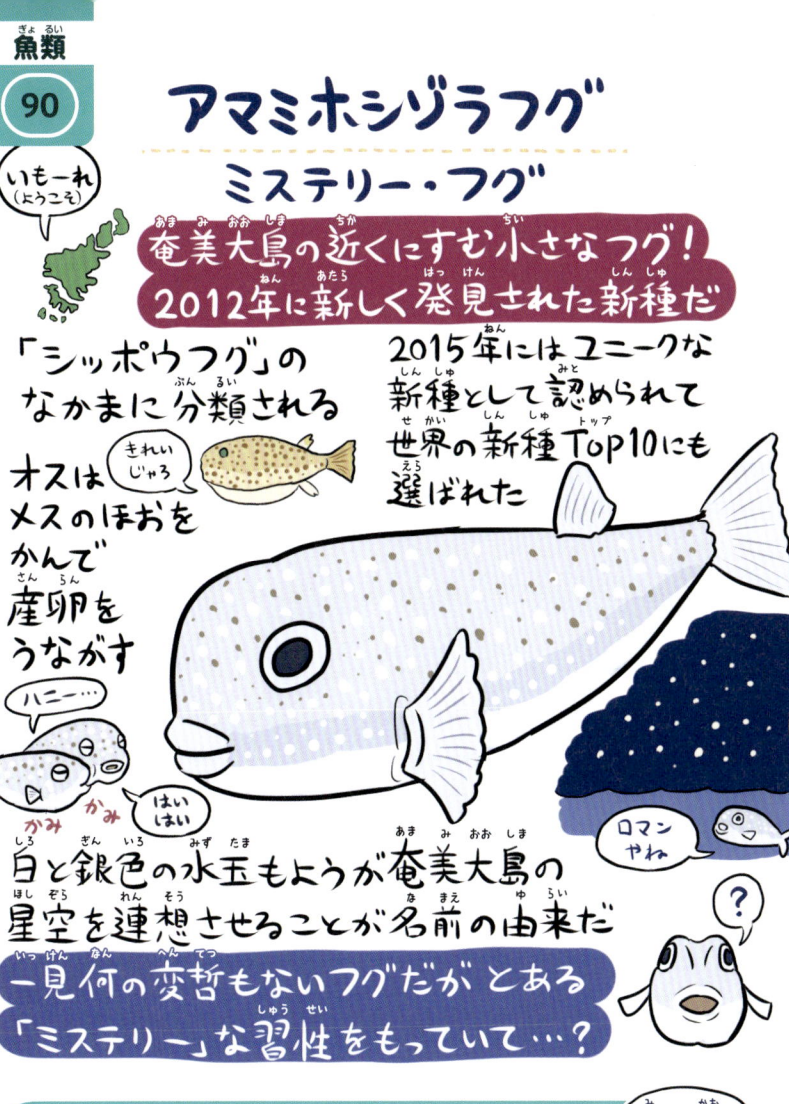

「シッポウフグ」の
なかまに分類される

きれい
じゃろ

2015年にはユニークな
新種として認められて
世界の新種Top10にも
選ばれた

オスは
メスのほおを
かんで
産卵を
うながす

ハニー…

かみ

かみ

はい
はい

白と銀色の水玉もようが奄美大島の
星空を連想させることが名前の由来だ

ロマン
やね

?

一見何の変哲もないフグだが とある
「ミステリー」な習性をもっていて…？

いきものデータ

このフグが発見されたきっかけはテレビ番組。番組の取材であるものをつくっているフグを見つけて、研究者が調べたところ新種ということがわかった。まだまだなぞが多いいきものだ。

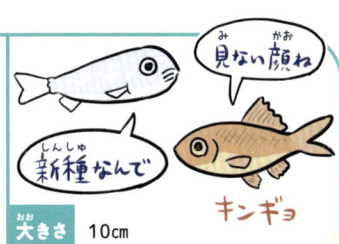

見ない顔ね

新種なんで

キンギョ

大きさ	10cm

分類	フグ科	えもの	甲殻類など	生息地	奄美大島など

じつはすごい

アマミホシゾラフグは…

ミステリーサークルを作る！

アマミホシゾラフグは海底にまるで
「ミステリーサークル」のように不思議なもようを描く！

外周に約30本の溝がある
もようは体とヒレをつかって
せっせと
作るぞ

直径は約2m！

なんじゃありゃ

ウワーッ

ウオオオ

中心は
サラサラの砂だ
小石や貝殻などを
口に入れては
外に運び…を
くりかえす

えっほ

春〜夏に
海に出現する

この謎めいたもようが
小さなフグによるものだったとは
だれにも予想できなかった！

えっほ

この円の正体は「フグの産卵場所」だったのである…！

オスが約1週間かけてサークルをつくり
メスは円の中心に産卵するのだ

宇宙人のサインのような
形を海底に残すフグ…

「星空」の名にふさわしい
ミステリアスな魚である

おちつく〜

ふしぎ
だなあ

ウラッ

ハコフグ

ハード＆ポイズン

硬い体をもつ小さなフグ！
もちろん毒ももっている

浜辺に打ち上げられることも…

幾何学模様の骨板

体が硬い骨板（変形したウロコ）で
おおわれており
「箱」に入っているようにみえる

皮ふの粘膜には
パフトキシン
という
強い毒がある！
ストレスを
感じると
毒を出すと
いわれている

ウワーッ

すまんね

ぜんめつ！
アクアリウム

うっかり水槽に
入れてしまうと
ハコフグが
出した毒で
他の魚が全滅する
ことも…！
（3千ℓの
大水槽でも全滅！）

自分が出した
毒で死ぬことも…

いきものデータ

かたい骨板でかこまれた体はとても頑
丈で、自動車の車体構造のヒントにさ
れたこともある。毒のある皮ふを取り
のぞけば食べられるというが、筋肉や
内臓に毒があることもあり要注意。

ティッシュ箱フグ
英語でもBox-fish（箱魚）

大きさ 25cm

| 分類 | ハコフグ科 | えもの | ゴカイ類、貝、甲殻類など | 生息地 | 日本近海など |

すごい!?

ハコフグはじつは…

泳ぎがニガテ!?

ハコフグは体が硬い骨板でおおわれているため
他の魚のように体をふって
泳ぐことはできない

スイ〜

？

ぎく

しゃく

また尾びれをふるための
筋肉も少ないので
体や尾びれを使っても
前に進む力は
あまり得られない…

泳げ！はこふぐくん

歯が
たたねぇ…

およぐの おそくて
やんなっちゃうなー♪

毒
こわい…

ハァ…

とはいえその防御力や
強い毒のおかげで
他の魚におそわれる
ことはめったにない

およぎ	―
ぼうぎょ	―
もうどく	―

他のステータスが
高すぎるだろ

たいやき
くん

なにより
いっしょうけんめい泳ぐ
ハコフグの姿には
ファンが多いようだ…！

ギョギョッ!?

すぎょく
けなげ
ですね…

のちの さ●なクンである（実話）

ピラルクー

淡水の竜魚

世界最大級の淡水魚！

ど————ん

ピラルクーとは先住民の言葉で「赤い魚」の意味

キンギョ

私のが赤いが？

南米アマゾンの河川や湖にすむ

先が細い頭部

水面近くにひそんで魚をつかまえたり…

時には鳥も食べる！

ウウーッ

ザバアァ

その生態は、意外な「弱点」にもつながっていて…？

いきものデータ

成長するにつれて、体の後ろ側のうろこが赤くなる。うろこは1枚が手のひらほどでとても大きい。体が大きい個体は重さ200kgを超えるので、ひとりでは持ち上げられない。

大きさ 2〜4m

分類	えもの	生息地
アロワナ科	魚、鳥など	南アメリカ

ギャップ…

ピラルクーは…
おいしすぎて絶滅の危機!?

ピラルクーは
10〜20分ごとに浮上し、空気を吸う。

すう〜

この性質が、ピラルクーを
思わぬ危機に追いやった!
いつも水面近くにいるので、
人間に捕獲されやすいのだ。

めんどくさ〜

Pirarucu

え〜ん

しかも、肉は
意外にも
やわらかく
おいしい!

ピラルク
ステーキ!

乱獲によって激減し、
絶滅寸前になった。

ワニ肉に
似た
食感らしい…

しかし地域に根づいた保護活動が
ピラルクーに「奇跡」の復活をもたらした!

とるのはでっかく
なってから!

「体長1.5m以上の
成魚の30%まで」といった
漁獲量の上限を設定。

持続可能な漁に切り替えた地域では、
ピラルクーが4倍近くに増えた。

でかすぎ

個体数
ピラルクー
のぼり!

〜んなのいる…

漁業といきものが、「ウィンウィン」
となる道を、見つけ出す必要がある。

ピラニア

血に飢えた殺人フィッシュ？

ナイフのようにするどい歯をもつ熱帯にすむ魚！

サメの歯とも
にた
つくりだ

かむ力は
体重の
3倍

すぐれた嗅覚で
血のにおいをかぎつける！

ピラニアの種類は色々

ピラニア
ナッテリー
おなかが赤い

ピラニア
ブラック
最大50cm

ジャイアント
イエローピラニア
気性が荒い

げぷ

むねん

川に落ちた動物や人を群れでおそって
骨にしてしまうというおそろしいイメージだが…？

ピラニア入り
金魚すくい

いきものデータ

ピラニアナッテリーは歯や浮き袋を
使って音を出すことができ、何種類か
の音でコミュニケーションをとってい
ると考えられている。人間相手には「く
るな！」といかくをするそうだ。

大きさ 30cm（ピラニアナッテリー）

分類	えもの	生息地
セルラサルムス科	魚、死んだ動物	南アメリカ

ピラニアはじつは… とっても臆病！

ギャップ…

ピラニアは基本的に
用心深く臆病な魚だ
なにかが川に飛びこんできたりすれば
（大抵の魚と同じように）あわてて逃げまどう！

平和だな

うん

ザブン

ウワーッ

ただし血のにおいにこうふんするので
出血していたり群れを刺激したりすると
おそれる可能性があるかもしれない

ムシャ
ムシャ

ベジタリアンの
ピラニアもいる…

肉とかないわー

ウワーッ

ピラニアのイメージは
映画やTV番組などによって
つくりあげられたものといえる…

ワニやカワイルカに
食べられることも…

恐怖 ピラニア突撃取材！
Q.肉は好きですか？
そりゃ好きだけども

デンキウナギ
ぬるぬるエレクトリカル

南アメリカの川に生息する肉食魚！

600Vにもなる強力な電気を生むぞ

馬1頭が気絶するレベル

ウゥーッ

「ウナギ」と言いつつじつはウナギとはまったくちがうなかま

でもデンキナマズはナマズのなかま

げせぬ

自分の電気には感電しない…

電気は攻撃や防御にも使うがエモノの位置を知る探知機としての役割もある！

「発電板」という細胞が数千個も並んでおり体の80%をしめる

ん？

サーチング…
Searching…

水に入らなければどうってことないね…

フン

どうかな

いきものデータ

これだけ発電器官が発達したのは、この魚がとんでもなくにごった水中にいるということがキーポイントだ。なにも見えなくても電気を使えばえものを効率よく探したり、しとめたりできる。

延長コード

大きさ 2.5m

分類	デンキウナギ科	えもの	甲殻類、小型ほ乳類	生息地	南アメリカ

すごいぞ！

デンキウナギには…
必殺の奥義がある！

デンキウナギには
隠された必殺技がある！

ウワーッ

ざぱあぁん

オラーッ

なんと水から飛び出して
水上に出ている
相手の体に
直接アゴを
押し当てて
高圧の電気を
流すのだ！

ギャーッ

ビビビ

ビビ

この行動は研究室で
観察されたものだが
同様の攻撃は
200年以上前から
漁師たちの間で
うわさされて
いたという…

しーらない

奥義 デンキウナギのぼり

人間がデンキウナギの
電撃で死亡することは
めったにないが
電気ショックを受けて
おぼれてしまった事故はある！

おそるべきデンキウナギの電撃技…しかし
生物の無限の可能性を感じさせる能力でもある

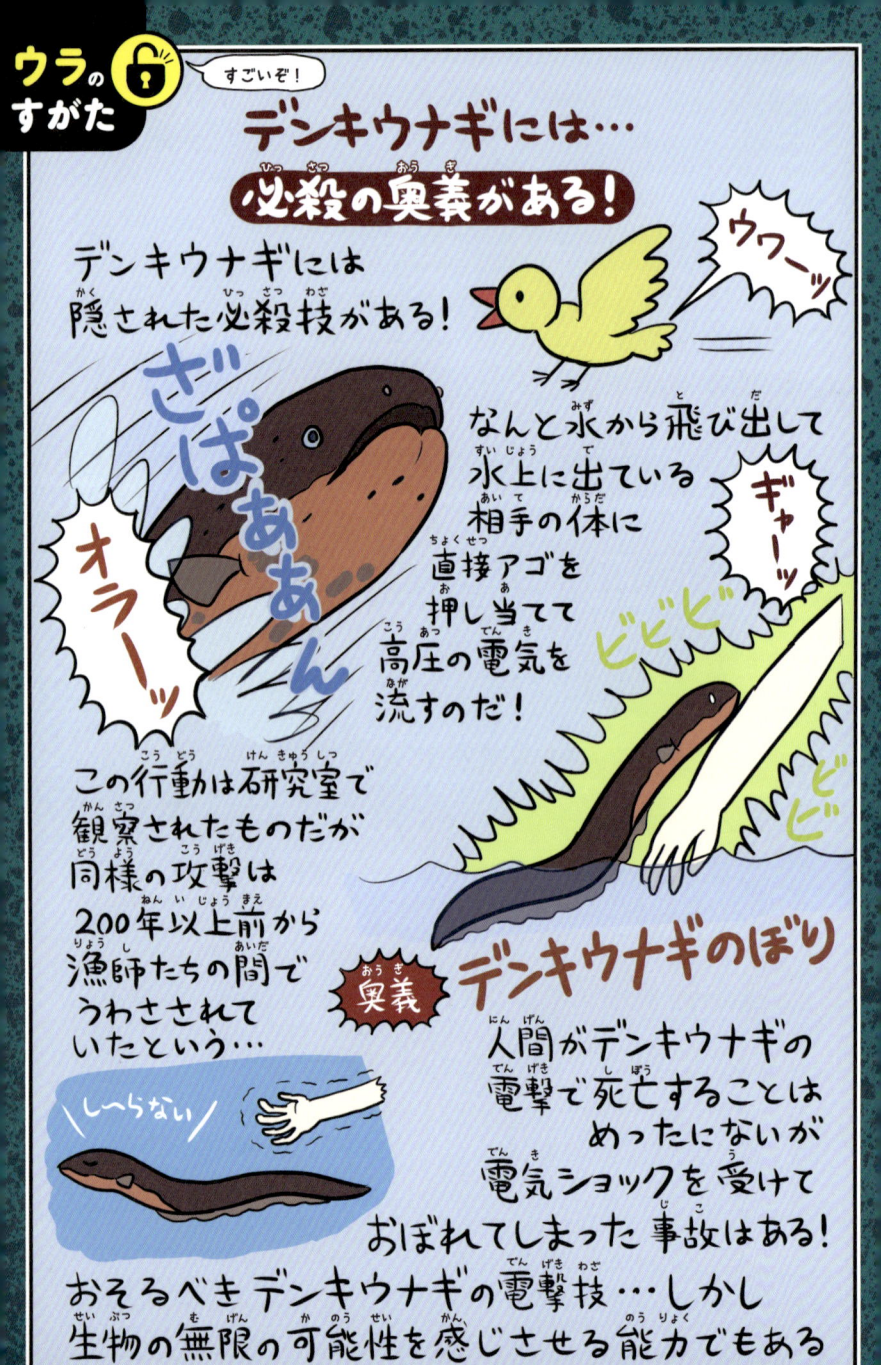

テッポウウオ

水面下のガンマン

口から水を「鉄砲」のように
いきおいよく発射して
えものをうち落とす魚！

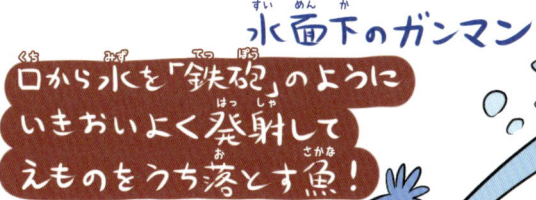

ウワーッ

ウワーッ

ロックオン… ファイア！

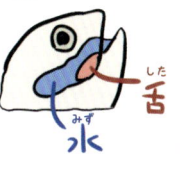
舌
水

水だけど

口の中にある
溝に舌を
おしつけて
エラぶたを
閉じる…

東南アジア
周辺に
生息

すると
いきおいよく
水が飛び出し
えものは水中に
たたき落とされるのだ

ぱくり

ウワーッ

なんと水の中から
光の屈折までも計算に入れて
2mもはなれた標的に
命中させるという！

みかけの
位置

実際の
位置

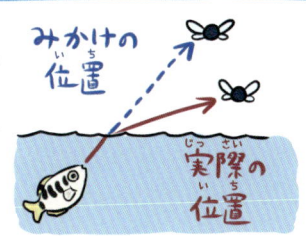

いきものデータ

海水と淡水がまざった川の河口やマングローブ林の水辺にすんでいるが、日本の西表島でも発見されたことがある。えものは陸上の昆虫だけでなく、小さな魚やエビなども食べる。

大きさ 15〜25cm

ウワーッ

集中砲火

分類	えもの	生息地
テッポウウオ科	昆虫、小魚、エビなど	東南アジア

すごいぞ！

テッポウウオは…

人の顔を見分けられる！？

ふむ

テッポウウオは人間の顔をかなり高い精度で認識できることがわかった…！

こいつでしょ

ブシュウウ

必殺！
顔認識ショット!!

ちがう人間の顔を並べて正しい顔に噴射したらごほうびをあげる…という実験

顔を認識する能力はサルなどの霊長類や鳥のような動物だけのものだと考えられていた…魚ではテッポウウオが初めてだという

ジャングルなどの複雑な背景の中からえものに正確にねらいをつけることができるテッポウウオならではの能力なのかもしれない…

バッター

そこだっ

ブシュッ

ウワーッ

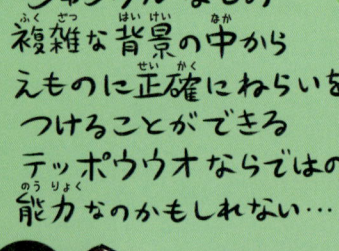

ゴル魚13

いずれにせよ顔面をねらいうちされたくなければテッポウウオのうらみは買わないほうがよさそうだ…

キンギョ
真夏の水の夢

現在の日本では
33品種が認定
されている

和金　琉金　土佐金　黒出目金

地金　丹頂

京錦
東錦×ランチュウを
交配させた希少種

×

してやられたぜ
ぴち
ぴち

キンギョすくいのワキンも
うまく飼育すれば
10年以上も生きる

ここにきて
10年か……
2日だよ
しみ
じみ
じゅるり

野生でなければ天敵は
いないし安全…と思いきや
庭で飼っている
キンギョが
アライグマに
食べられた事件も…

うまい
ウマーッ
うまいぐま

あらいぐま
注意報！

いきものデータ

古くから人間に飼育されている淡水で
暮らす魚。体色は赤、白、黒などが多
いが、珍しい青いキンギョの品種もい
る。派手な色のせいか、鳥やネコなど
天敵にねらわれることも多いぞ。

大きさ

最大40㎝（ワキン）

野生化すると
巨大サイズに！
野生のおじさん
ででかい…
ぴち
ぴち
そっち
じゃない

分類	コイ科	えもの	プランクトン、藻類	生息地	世界中で飼育

217

すごいぞ！

キンギョすくいの「ワキン」は…

キンギョ界の革命児!?

ん？ ワキン 和金

キンギョすくいでおなじみ、最もポピュラーな品種「ワキン」…
だが実はキンギョ界に「革命」をもたらしたスゴいキンギョなのである！

まずはキンギョの歴史をさかのぼってみよう…

ヒブナ 緋鮒

キンギョのルーツは中国に生息するフナの仲間だ
約1800年前に見つかった突然変異の赤いフナを原点として
変異と交配を繰り返し生まれたのが金魚である

ねこもたべろ
おれはたべん

日本には約500年前の室町時代に大阪に渡来し
誰もが楽しめる生き物として江戸時代に広まった

日本には天然記念物が3品種いる
高知県の「土佐金魚」、島根県の「いづもナンキン」、愛知県の「四尾の地金」
さまざまな美しい金魚が交配によって作られているが
金魚の「尾びれ」は「分かれる」という点が特異なのだ

三つ尾

四つ尾

ジャーーン

ワキンでいうと
尾びれが「伸びる」だけでなく
　三つ尾に「分かれ」
　　さらに「開いて」四つ尾になった！
（このような変異が出たまま固定された魚種は他にない）

ねこも
しっぽふえた

何才
なんだよ

猫又

化け猫め！

ニャーーーン

赤いフナの発見から尾が分かれるまで
長い年月をかけ今でも進化しているというのだから
いかにスゴいことなのかわかるだろう

ウォォォォォ

この発見がなければリュウキンなどの
有名な種も生まれなかったわけであり
「四つ尾」を持つワキンはまさに
金魚界の革命児と呼ぶにふさわしい…！

服きなよ

金魚革命ワキン

ヌタウナギ
のたうつ化石（かせき）

「生きている化石（かせき）」とも呼（よ）ばれる
細長（ほそなが）い海（うみ）のいきもの！

正面（しょうめん）から見（み）て
口（くち）のように
見（み）える部分（ぶぶん）は
じつは鼻（はな）のあな

あ〜ん
して

ムリ

アゴないから

おなか側（がわ）に
口（くち）があるが
顎（あご）がないので
「無顎類（むがくるい）」
と呼（よ）ばれる

目（め）は
退化（たいか）しており
目（め）があったあと
だけが残（のこ）っている

3つの心臓（しんぞう）をもつ

タコも
3つ

クジラの
死体（したい）の
肉（にく）などを
食（た）べている

くじら食堂（しょくどう）

ムシャ ムシャ

体（からだ）の側面（そくめん）には
一列（いちれつ）に穴（あな）が並（なら）んでいる…
一体（いったい）何（なん）のためだろうか？

いきものデータ

世界（せかい）に約（やく）70種（しゅ）、日本（にっぽん）に6種（しゅ）がいる。ほとんどの種類（しゅるい）が深海（しんかい）にいて、クジラや魚（さかな）の死体（したい）にもぐりこんで、肉（にく）を食（た）べるぞ。無顎類（むがくるい）のなかまにはヤツメウナギがいるが、これもウナギではない。

「ウナギ」とつくが
ウナギとは別（べつ）の
種類（しゅるい）のいきもの…

大（おお）きさ 60〜80cm

分類（ぶんるい）	えもの	生息地（せいそくち）
ヌタウナギ科（か）	クジラの死肉（しにく）など	南太平洋（みなみたいへいよう）など

すごいぞ！

ヌタウナギは…

おそるべき粘液を出す！

ヌタウナギの最大の武器はネバッとした「粘液」！
危機におちいると体から1秒で1ℓもの
粘液を放出するのである…！

粘液は一瞬でエラを
詰まらせる…！

ばくっ

ブシャアアア

!!

数百匹以上のヌタウナギを積んだトラックが横転し
道路や車を粘液まみれにしたことも…！

ヌタ〜〜

なきたい

こっちの
セリフだし

やれ
やれ

この粘液を取りのぞくためにブルドーザーまで
出動するなど大さわぎになったという…

ぬ印良品

やっかいなヌタウナギの粘液だが
その中に含まれる
繊維は丈夫で軽い！
衣服への利用も可能らしいぞ
将来はヌタウナギの
粘液から作られた
下着やストッキングが
一般的になるかも…？

ちょっと
イヤ…

こっちの
セリフ
だし

失
礼
な

第6章

海の
いきもの
のなかま

ふわ

ふわ

海のいきものは
どんないきもの？

ヒトデ

クラゲ

ウミウシ

タコ

棘皮動物
殻やトゲがある

刺胞動物
刺すための触手がある

軟体動物
体がやわらかい

カニ

節足動物
あしがたくさんある

背骨なんぞに頼る
軟弱者め！

背骨がない

それぞれちがうグループ
だが、「脊椎がない」と
いう共通点がある

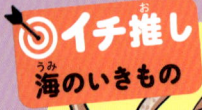

ぎょるい
魚類

ええ…

同じ海に暮らすいき
ものだが、図鑑では
魚類とわけられるこ
とが多い

🎯イチ推し
海のいきもの

ウラーッ
ガブリ

ダイオウイカ

海のいきものの中でも最大級の大き
さだ。海を支配しているかと思いき
や、じつはライバルが……。

くわしくは P225

コウモリダコ
深海のヴァンパイア？

タコじゃないの

1000〜2000mの深海に
生息する生物

学名は
「地獄の吸血鬼・イカ」
ヴァンパイア

血の池
地獄

むしろごほうび

正確にはタコでも
イカでもないが
どちらかというと
タコの祖先に
近いとされる

えー

きれいな
ガラス玉の
ように
大きな
目をもつ

うでとうでの間にある
スカート状の膜とひれを使って泳ぐ

うでの先端と付け根の中心には
青白い光を出す発光器がある

そのブキミなすがたから
恐ろしいハンターだと考えられていたが…？

いきものデータ	コウモリダコは「いきる化石」と呼ばれる、昔の姿を残したいきものだ。マリンスノーと呼ばれる、海にただよう微生物の死体やエビなどのぬけがらをおもに食べている。	コウモリガサ い〜れて ヤダ

大きさ　15cm

分類	コウモリダコ科	えもの	マリンスノー	生息地	世界中のあたたかい海

なぞだらけ！

コウモリダコは…

意外とのんびり食事をしている！

コウモリダコはふだんは細長い触手を使って
マリンスノー（海中の沈下物）を
のんびり食べていると判明！

うでの付け根の近くにある
ポケットから触手を出す
触手の先から出るねばり気のある液で
マリンスノーを集めて
おだんご状にして食べるそうだ
血に飢えたハンターのイメージは
まったくのまちがいだとわかったのである…

うま〜〜

わるくない

もぐ
もぐ

マジで？

そしてコウモリダコはピンチになると
8本のうでと膜をうらがえして体を包みこむ！

！！

シャー

ぐるん

うら側は暗い色なので
黒いボールのように
なって やりすごす

しー〜〜ん

どこだコラー

あれっ!?

その際は中心にある発光器を光らせてから
だんだん暗くして
遠ざかったように
演出するという…

意外と芸達者な
「海のコウモリ」なのだ

大人気！
コウモリ
ダコ
がさ

ぶわっ

ダイオウイカ

深海の触手キング！？

※無脊椎動物
背骨がない
動物のグループ名

地球で最大の無脊椎動物！

深海にすむ謎だらけの巨大イカだ

吸盤がびっしり並んだ8本の腕

2本の長い「触腕」でえものをとらえる

ウワーッ
ぐるり

口にはするどいくちばし

ウワーッ
ガブリ

ビーチボールサイズの目玉

やめて
ポーン

生物界で最大の目だ

海水よりも軽いアンモニアが体内に大量にふくまれている…ので食べても美味しくない

まさに「深海の大王」と呼ぶにふさわしい巨体だが…？

ザザーン…

発見されるのは浜辺に打ち上げられる死体がほとんど…

アンモニアくさい…

いきものデータ

巨大なイカだが、体のつくりはスーパーなどで売っているスルメイカなどとほとんど変わらない。泳ぎはとてもすばやく、積極的に狩りをしてさまざまな魚やイカをとらえて食べている。

大きさ	最大18m		
分類 ダイオウイカ科	**えもの** イカ、魚など	**生息地** 太平洋、インド洋、大西洋	

巨大なダイオウイカにも…
天敵がいる！？

世界中の海に生息する
マッコウクジラ…
その基本的なエサはイカ類であり
その中には なんと ダイオウイカ も ふくまれる！

？

1000m以上の深さまでもぐれる
マッコウクジラは特殊な音波を
使うことでイカを探し出すぞ
さすがのダイオウイカも
50トンもの巨体をもつ
マッコウクジラの前では
えものとなってしまう…！

イカアプリ

30m以内に
イカがいます

だがもちろんダイオウイカも
おとなしく食べられるわけではない！

トゲトゲのある吸盤のついた
触腕で必死に抵抗するぞ！
死闘をくりひろげた末
マッコウクジラの顔に
吸盤のあとを残すことも…

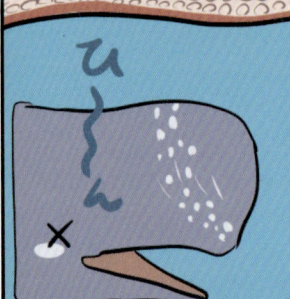

ひ〜ん
×

ハクジラ類の
マッコウクジラは
するどい歯で
イカに
かみつく！

ダイオウイカと
マッコウクジラの戦いが
目撃されたことはまだない…
だがクジラにカメラを取りつけ
水中での行動を観察する研究も
盛んに行われている！

いつの日か
この巨体バトルが
映像に収められる
かもしれない…

ズビビ

カメラ

超音波をビームの
ように使って
攻撃するという説も

やって
ますなあ

227

真の巨大イカ

ダイオウホウズキイカ

ダイオウイカよりさらに海の深いところに、もう一種、巨大で謎の多いイカがひそんでいる……。

マッコウクジラの骨の中から発見された!

ダイオウイカは世界最大のイカと言われているが
それに匹敵するほどの大きさを誇るのが

**深海2000mに生息する
ダイオウホウズキイカである**

ダイオウイカに比べると
全体的にずんぐりと
しているが
体重は500kgとなり
ダイオウイカを
はるかにしのぐ

1mもの長い腕に
直径2.5cmにもなる
大きな吸盤が並ぶ

カギ爪のように
なった吸盤は
武器にもなる

とても大きな目

体重5kgの魚を
1匹食べるだけで
200日間も
生きられる
省エネ体質!

巨体をもっているが
あまり多くの食べものは
必要ないようで
深海をのんびり
漂っているという…

触腕を含めて最大18m

全長約12〜13m

これまで成体の全身標本は3体しか知られておらず
ダイオウイカよりも さらに多くの謎に包まれている…

ミミックオクトパス
モノマネマスター

「モノマネタコ」の名前の通りさまざまな生物のマネをするタコ！

敵からねらわれにくい生物のマネをするぞ

かくれ上手なヒラメ

あしをそろえて平べったくなる

トゲをもつミノカサゴ

たくさんのあしでとがったヒレを再現

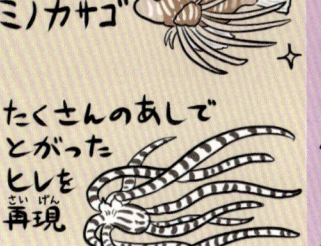

毒のあるウミヘビ

シャーッ

触手2本で1本の長い体に見せろ！

別名 ゼブラオクトパス

ヒヒーン　ムリがある

大きさ
60cm

いきものデータ

1998年にインドネシアの海で発見された新種のタコだ。かくれるところがない砂地にいるので、毒のある魚などに色や形をマネて身を守る。2012年にはオーストラリアでも見つかった。

分類	えもの	生息地
マダコ科	甲殻類	インドネシア、オーストラリア

すごいぞ！

ミミックオクトパスは…

夜はモノマネしない!?

変幻自在のミミックオクトパスだが
擬態しても姿が見えなければ意味がないので
夜は穴でじっとしていることが多いらしい…
よって変身の瞬間を目撃するのは難しい！

パシャ

まるで「魚の目」のように
タコを見張る固定カメラが
必要になるほどだ

!?

激写！
ホテルから
出てくる瞬間を
とらえられた！

ミミックオクトパス氏

実際ミミックオクトパスをいちばん
よく見ているのは魚なのかもしれない…！
なんとモノマネの達人ミミックオクトパスを
さらに「マネする」魚がいるというのである！

その魚はミミックオクトパスのそばで
うまく触手の動きに合わせて
泳いでいる姿を
撮影された！

気づいて
いない
タコ

？

スゲー

ちなみにアゴアマダイ
という魚のなかまらしい

これはぐうぜんの行動なのか
それとも新しい生存戦略なのか？
くわしいことはまだ不明だが
「モノマネの達人」のタコも
ウカウカしていられないだろう…

こんな感じ？

う〜ん

タコをマネする魚の
マネを練習するタコ

クリオネ

氷の海のエンジェル

北極海など寒い海に生息するプランクトンの一種！

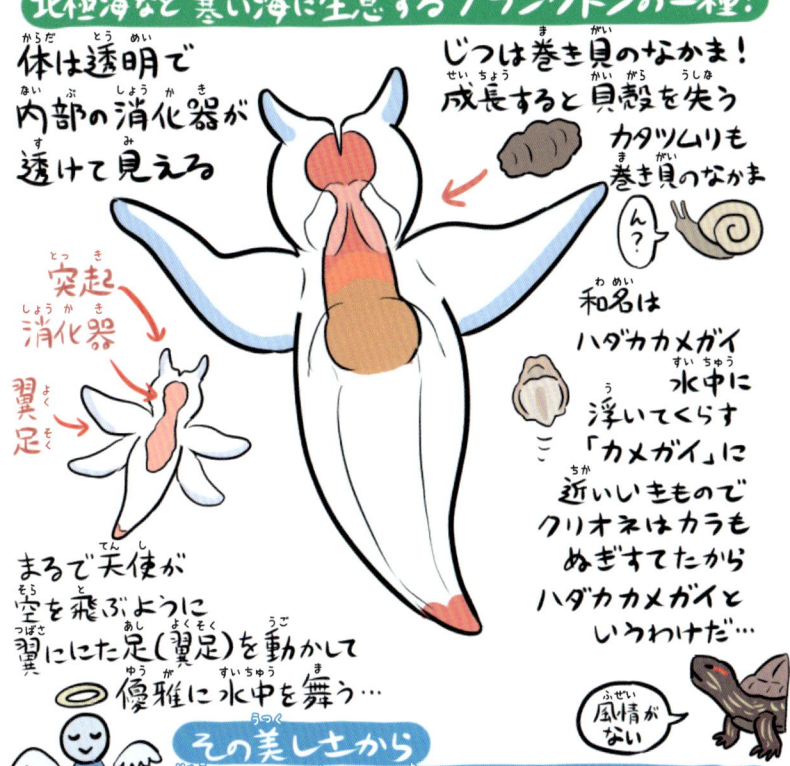

体は透明で内部の消化器が透けて見える

突起
消化器
翼足

まるで天使が空を飛ぶように翼にた足（翼足）を動かして優雅に水中を舞う…

その美しさから「流氷の天使」と呼ばれるクリオネだが…？

じつは巻き貝のなかま！成長すると貝殻を失う

カタツムリも巻き貝のなかま

ん？

和名はハダカカメガイ

水中に浮いてくらす「カメガイ」に近いいきもので、クリオネはカラもぬぎすてたからハダカカメガイというわけだ…

風情がない

くりをね！

栗をなんだよ

いきものデータ

クリオネと呼ばれるいきものはじつは5種類いて、日本では冬に北海道に現れるハダカカメガイのことをクリオネと呼んでいる。2017年には富山湾で新種のクリオネが発見された。

大きさ 4.5〜4.7㎝

分類	ハダカカメガイ科	えもの	ミジンウキマイマイ	生息地	北極海など

ギャップ…

流氷の天使クリオネは…

触手でえものを狩る！

優雅に漂うクリオネだが…捕食シーンはかなり怖い！

頭をパカッと開き… バッカルコーンと呼ばれる 6本の触手をのばして えものをつかまえる！

コーン

ガパ

シャアアアア

えものは クリオネと同じく 海をただよっている ミジンウキマイマイ

ウワーッ

うまうま

つかまえた ミジンウキマイマイの中身を カラから引きずり出して 食べるのである…

グワーッ

ちなみに半年〜1年に いちど食べれば 生きていけるようだ 海の天使は無用な殺生を 好まないのかもしれない…

ムシャ ムシャ

見てしまいましたね…

アオイガイ
中にいるのは？

白くてきれいな形をした巻貝！

冬から春にかけて
日本海の海岸にたくさん
漂着することがある…

うつくしき
かな

2つ合わせると
アオイの葉のような
形になるので
「アオイガイ」と呼ぶ

+ =

LOVE♥

アオイ

うすく半透明な貝殻から英語では
"paper nautilus"（紙のオウムガイ）と呼ばれる

一見なんの変哲もない貝に
見えるが…おや？

ギョロリ

紙のオウムガイ

**中に何かいるようだ！
その正体はいったい…？**

こたえは
つぎのページ

こたえはつぎのページ

いきものデータ

殻は紙のようにとてもうすい。熱帯に
多くいて、広い海の海面近くをただよ
いながら暮らしている。クラゲにくっ
ついていることがよくあるという。オ
スはものすごく小さい。

好きな色は？

アオイガイ
青以外

ひどい

大きさ 30cm（メス）、1.5cm（オス）

分類	カイダコ科	**えもの**	貝、プランクトン	**生息地**	世界中のあたたかい海

ふしぎ！？

アオイガイの中身は…

なんとタコ！

アオイガイの中にいるのは
「カイダコ」という
「貝殻をもつタコ」だったのだ！

アオイガイは
アサリや
ハマグリのような
生きた貝ではなく
カイダコのメスが卵を入れたり
うきわのように浮いたりするために
つくった体の一部なのだ

がーん

タコやイカは大昔に貝から進化したいきもの！

タコとイカの
ちがいのひとつは
貝のなごりが
体の中にあるかどうかだ
ふつうタコは貝のなごりをもたないが
このカイダコは自分で貝をつくって
利用しているめずらしいタコなのだ

タコ（なごりナシ）
でろ〜ん

イカ（甲がなごり）
シャキン

トン
カン
D・I・Y

ふつうのタコは
海底や岩場で待ちぶせ型の狩りをする
一方カイダコのメスは海をただよって
プランクトンなどを食べるよ

スイ〜〜

ちなみに殻を
もつのはメスだけ

ステキな
カップル
ですね

ちがうよ

オスはとても
小さい
（1.5〜5㎝）

メス

カタツムリ　ナメクジ

アイスランドガイ

遥かなる貝

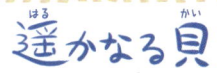

一見なんの変哲もない二枚貝だ
北大西洋の暗く冷たい海にじっと佇む…

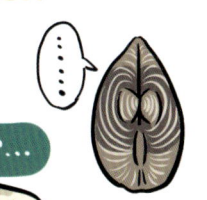

← アイスランド

イギリス

一方 おれは
アイルランド

まちがえないでね

別名 マホガニークラム

貝の表面が
マホガニー(木)の
ような色と
もようのため

どっさり

じっぱ
ひとからげ

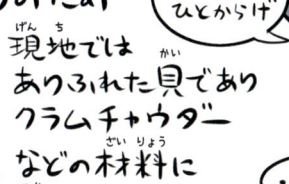

NICE
ナイス

アイスランド
ナイスガイ

アイスランドガイ

現地では
ありふれた貝であり
クラムチャウダー
などの材料に
使われている

．．．．．．

実際ただの小さな貝のようだが
すごいひみつが隠されていて…?

いきものデータ

北大西洋の海岸から 400m ほどはなれた海底にすみ、近くの地域で食用にとられている。20 歳くらいになるとそこからは急激に成長がおそくなり、何歳でも見た目があまり変わらない。

結婚
してくれ…

手のひら
サイズ

こっちだった
ゴメン

結婚指輪

かぱ

!?

大きさ
8〜13cm

分類	アイスランドガイ科	えもの	海中の有機物	生息地	北大西洋

なぞだらけ！

アイスランドガイは…

地球でもっとも長生きの動物！

ハッピー バース貝

とあるアイスランドガイの年齢が
なんと「507歳」であることが判明した！

その貝は「明（ミン）」と名づけられ
地球でもっとも長生きの動物として
ギネス認定されることに

……

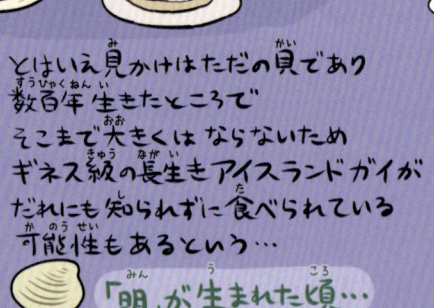

あと1年で
500歳か…

しみじみ

イェー YEAH

ウマーッ

アイスランド ナイスガイ

ひどい

クラム チャウダー

とはいえ見かけはただの貝であり
数百年生きたところで
そこまで大きくはならないため
ギネス級の長生きアイスランドガイが
だれにも知られずに食べられている
可能性もあるという…

「明」が生まれた頃…

中国のあたりには明という
王朝があった
貝に「明」という名前が
つけられた由来

どうしたもんかな

明

ヨーロッパでは
レオナルド・ダ・ヴィンチが
モナリザを製作していた

どうしたもんかな

日本では
戦国時代

2！

おっ

戦国 ナイスガイ

507歳

木の年輪のように貝も
層の数を数えて年齢を測るが
507歳の「明」も最初は
100年ほど年齢をまちがえられた…
だが何世紀にもわたる時間を生きる
アイスランドガイにとっては
どうでもよいことなのかもしれない…

……

遺影

イェーイ

ナイスガイの墓

……

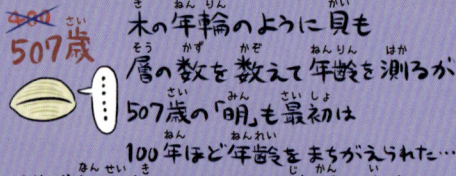

ホタテガイ
北海グルメ

北方の海の底に生息する大きな二枚貝！

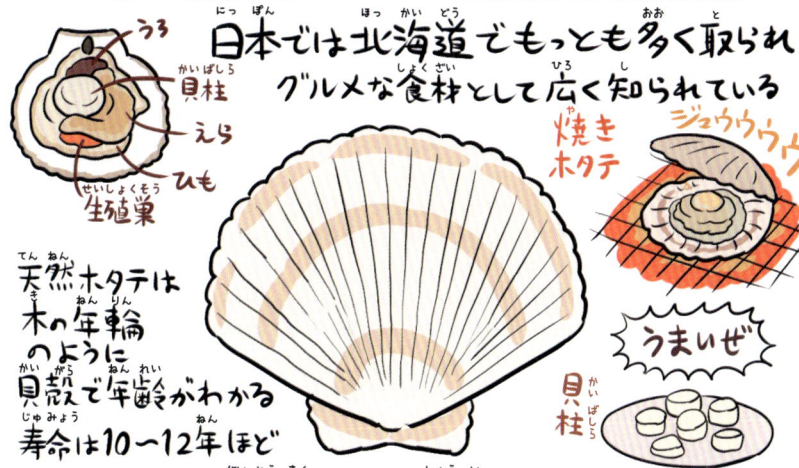

日本では北海道でもっとも多く取られグルメな食材として広く知られている

うろ
貝柱
えら
ひも
生殖巣

焼きホタテ

ジュウウウ

天然ホタテは木の年輪のように貝殻で年齢がわかる
寿命は10〜12年ほど

うまいぜ

貝柱

外套膜（ひも）の周囲にはおよそ80個の小さな目（眼点）があり明るさを感じ取れる

!!

そ〜

天敵（ヒトデ等）が近づいた時に探知できるぞ

海底でじっとしているイメージのある貝だが…？

いきものデータ

水深20〜30mの冷たい海の砂に潜っているぞ。生まれて1年間はぜんぶメスだけど、2年目には半分がオスになる。貝をあけて生殖巣が赤いとメス、白いとオスだと見分けられる。

ホタテセンス

+イスセンス

それほどでも

大きさ 20cm

分類	イタヤガイ科	えもの	プランクトンなど	生息地	太平洋、日本海など

おどろき！

ホタテガイは…
ジェット噴射で泳ぐ！

ジュルリ…

北海グルメ

‼

ふだんは じっとしている
ホタテガイだが…
敵（タコやヒトデなど）が近づくと
海水を勢いよく噴射して逃げる！

⁉

そのスピードは秒速60cmとも…

ブシュウウ

ホタテガイ（帆立貝）という
名前は昔このように
帆を立てて泳いで
移動していると かんちがい
されていたことに 由来する！
みんな大好きな おいしいホタテガイ…
それゆえ ダイナミックな 逃走手段も
必要になってくるのだろう…

舵を
とれー

パイレーツ
オブ ホタテガイ

そこ目じゃ
ないでしょ

ウオノエ
ひっそりこっそり

ウオノエ（魚の餌）の名前通り
すぐ魚に食べられてしまいそうな
小さないきものだ…

浅い海から
深海まで
広く生息し
世界中で
約330種類
確認されて
いる

たくさんのあしをもち
体に節が多い
等脚類の一種だ
ダンゴムシや
ダイオウグソクムシのなかまで
どことなく愛らしい姿だが…

おまえ
もな

ちっちゃいね

ダンゴムシ　ウオノエ

ダイオウ
グソクムシ

じつは世にも恐ろしい習性をもっていて…!?

いきものデータ

約330種もいるダンゴムシのなかまだ。他のいきものに寄生する特徴があり、皮ふやエラ、おなかの中に寄生する種類もいて、魚の種類によって寄生するウオノエの種類がきまっている。

けしゴム　オス

メス

大きさ 4〜5cm（メス）、2cm（オス）

分類	ウオノエ科	えもの	魚の血液	生息地	世界中の海

じつはすごい

ウオノエはなんと…
宿主の舌になりかわる！

ウワーッ

元気？

ギャアアーッ

なんと
ウオノエは
口内に取りつく
寄生生物なのだ！

おじゃまします

エラから魚の体内に侵入し
舌の部分になりかわる
ようにして取りつく！

よいしょ

本物の舌

えいっ

＝ポイ

ウオノエに
取りつかれた魚は
舌がなくなっていき…
最終的にはウオノエが新しい「舌」に
なりかわって栄養を得続けるのだ…！
取りつかれた魚は死にはしないが
（栄養を横取りされているため）
発育がわるくなることがある…

げっそり

どしたの

わかんない

ギャアーッ

そうは
ならない
っつーの

とはいえ うっかり
食べてしまっても
人に寄生することは
ないので安心しよう…

話をきけ

テッポウウエビ

大海原のガンマン

あたたかい海にすむエビのなかま！

はさみを
かちあわせて
破裂音を出す
ことから
「鉄砲海老」と呼ばれる！

左右ではさみの
形がちがい
右のはさみに
特徴がある！

テッポウウエビには
数百種もの
なかまがいる…
ガンマンの
集団なのだ

はさみを勢いよく
閉じることで
気泡を生み出す
「キャビテーション効果」
によって衝撃を与えるぞ

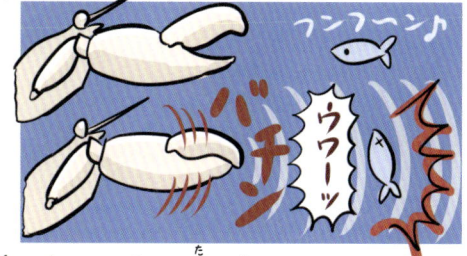

フンフーン♪
バチン
ウワーッ

この衝撃で気絶したえものをとらえて食べたり
天敵のタコやイカに対してはいかくをしたり
テッポウウエビの種類によって使い方もさまざまだ

いきものデータ

テッポウウエビのなかまは、熱帯の海を中心にたくさんの種類がいてハデな見た目をしている。日本にいるテッポウエビはめずらしく冷たい海にすむ種類で、姿はやや地味だ。

破ァーッ

大きさ	5〜7cm		
分類	テッポウウエビ科	えもの	魚、甲殻類
生息地	東アジアの浅い海		

ふしぎ！？

テッポウエビには…

相棒がいる！

海という荒野をさすらうガンマン
テッポウエビは孤高の存在…

スピードあげろ！

うごいてないスよ

…と思いきや！

ただいま

おかえり

ハ〜つかれた…

いっしょに暮らす
相棒をもつ
テッポウエビもいる！

なんとハゼと
暮らしているのだ…！

多くのテッポウエビは目がわるく遠くが見えないので
巣のまわりに危険なものがないか
ハゼに見張りをしてもらうのである

異常なし

なら よし…

テッポウエビは
巣穴をつくったり直したりと
おもに工事を担当する
巣穴をつくれないハゼは
身をかくせる場所ができて
どちらにもメリットがある
こういう関係を
「共生関係」と呼ぶ

ヤシャハゼと
コトブキテッポウエビなど
お決まりの組み合わせが
よく見かけられるのだという

ドジるなよ相棒

こっちのセリフだぜ

大海原の荒野を生き抜くには
「銃」の腕前だけではなく
頼れるなかまも必要なのだろう

モクズショイ

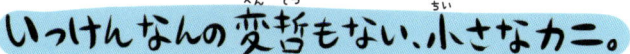

藻屑（もくず）なドレス

いっけんなんの変哲（へんてつ）もない、小さなカニ。

体全体（からだぜんたい）が、カギ状（じょう）に曲（ま）がった毛（け）でおおわれている。

マジックテープのようなつくりだ…

本来（ほんらい）の姿（すがた）は地味（じみ）だが…↑

華（はな）やかな姿（すがた）で発見（はっけん）されることも！

その変幻自在（へんげんじざい）っぷりの秘密（ひみつ）とは…？

いきものデータ

岩場（いわば）の近（ちか）くにある水深（すいしん）30mほどの浅（あさ）い海（うみ）で暮（く）らしている。タコやフグなどの天敵（てんてき）に見（み）つかると、小さな体（からだ）をすばやくかくす。同（おな）じクモガニ科（か）にはタカアシガニなどのなかまがいるぞ。

よっ もずくショイ！
「モクズ」だっつーの

大（おお）きさ		3.5㎝（甲（こう）らの大（おお）きさ）

分類（ぶんるい）	クモガニ科（か）	えもの	プランクトンや有機物（ゆうきぶつ）など	生息地（せいそくち）	世界中（せかいじゅう）のあたたかい海（うみ）

ふしぎ！？

モクズショイは…

海のファッショニスタ！？

モクズショイは、漢字で書くと「藻屑背負」。
名前の由来となったのは
自分の体に「海の藻屑」…
つまり海藻や海綿を
くっつけるという
ユニークな生態だ。

エレガントにたなびく白き翼

ロックの鼓動が魂に火をつける

英語では「Decorator Crab」
ニ「飾る（デコる）カニ」。

こうした派手な「ファッション」は
「迷彩服」のような効果をもち、
まわりの景色に体を溶け込ませる。

この海を彩るエバーグリーンのかがやき

今日はこれ

モクズショイのような
小さなカニが生きるうえで
獲得した戦略なのだろう。

一方…カニの天敵・魚類は
「視覚」ではなく「嗅覚」で
えものを探すことが多いので
外見のカモフラージュは
それほど有効ではない
という意見もある。

かくれられてないぞ…

オシャレに危険はつきものさ…

単なる「生存本能」以上の理由が、
その「ファッション」にはあるのだろうか…？

ウニ

海のトゲトゲ

世界中の海に生息する
トゲの生えた棘皮動物！

棘皮動物とは
ウニ ヒトデ ナマコ など

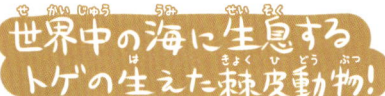

グルメ食材と
しても有名

トゲの間には
細長い管が
たくさん！

ぐろい

一方ウニは
コンブなどを
食べるよ

ムシャ
ムシャ

よこせー

キャベツも食べる

この「管足」を
使って海底を
移動する

ウニ
ウォーク

食材として使われるのは
ウニの卵巣
メスのウニは死ぬまでに
5億個の卵を産む

ギャー

ウニに刺されたら？

ピンセット
で抜く

40～50℃
のお湯に
つける

うう…

漢字では「海栗」とも書く

むすこよ…

ちがうよ

ムラサキウニ

くり

いきものデータ

トゲに毒をもつウニもいて、刺される
と危険ないきものでもあり、食べると
おいしい高級食材でもある。種類やす
む場所によっては、とても長生きで、
200年以上生きるウニもいるんだ。

大きさ 5cm（トゲをのぞいた大きさ）

分類	えもの	生息地
ナガウニ科	昆布などの海藻	日本、台湾など

じつはすごい

ウニは…
全身が眼!?

ウニはいわゆる「眼」をもたない動物だ
だがトゲに当たる光を
感知することで
世界を「見て」いることが
明らかになった!
トゲにおおわれた
体の表面全体を
大きな「眼」として使っているのだ

SHINE!

光の当たり方で行動を変えるぞ

光をいやがって
暗いところに集まる

天敵の影を感知し
トゲをふりかざす

トゲの数や位置が
視力に影響する説も

まぶしっ

なんだ
コラー
ウオッ

?

ウニは全身が「眼」…そう思うと
こうした光景もちがって見えてこないだろうか…?

視線を
感じる…

ギョロリ
ウワーッ

ユメナマコ

深海（しんかい）の夢（ゆめ）

深海（しんかい）300〜6000mに生息（せいそく）するナマコのなかま！

きみょうなピンク色の半透明（はんとうめい）ボディをもつ
円形（えんけい）の口（くち）で大量（たいりょう）の砂（すな）や
どろを吸（す）い込み
その中（なか）の微生物（びせいぶつ）
などを食（た）べる

口（くち）

腸（ちょう）

長（なが）い腸（ちょう）が
すけて見（み）える

ずぞおお

刺激（しげき）を感（かん）じると
発光（はっこう）する

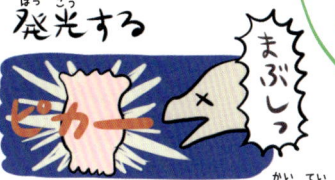
ピカー
まぶしっ

いぼあしと
よばれる器官（きかん）が
12〜14本（ほん）ある

えっちら
↓おっちら

ふつうのナマコは海底（かいてい）で
イモムシのように もぞもぞと動（うご）くだけだが

ユメナマコには「夢（ゆめ）のような」特殊能力（とくしゅのうりょく）があって…!?

いきものデータ

ナマコのなかまは海底（かいてい）をのそのそと動（うご）きまわって、微生物（びせいぶつ）を砂（すな）やどろごと食（た）べる。栄養（えいよう）が少（すく）ない食（た）べものからなるべく多（おお）くの栄養（えいよう）を得（え）るために、長（なが）い腸（ちょう）でたっぷり時間（じかん）をかけて消化（しょうか）する。

分類（ぶんるい）	クラゲナマコ科（か）	えもの	海底（かいてい）の微生物（びせいぶつ）	生息地（せいそくち）	太平洋（たいへいよう）

大（おお）きさ 20cm

ユメまくらに立（た）つ ユメナマコ
ボヤ〜ッ
めざめよ…
ウ〜ン

ふしぎ！？

ユメナマコは…
ふわふわと遊泳する！

なんと ユメナマコは海の中をふわふわと
泳ぎ続ける おどろくべき ナマコなのである！

いぼあしといぼあしの間には
水かきのような膜があり
それをヒレのように

ぱたぱた動かして
立ち泳ぎをする

いぼあしは体の前後にあり
前方のいぼあしを使って
前に進むぞ

ふわ

ふわ

立ちぐいそば
みたいだな

おなか
すいた

いただき
ま〜す

ごちそう
さん

ズズ
ゾゾ
ゾゾ

海底に「着陸」するのは
食べるときのみだ
（食事は1分ほどで
すませる）

ピンクに光りかがやくナマコが
優雅に海中を浮遊する…
それはまさに
「ユメ」のような
光景では
ないだろうか…

ZZZ

夢か…

むく

ネボケ
＋マコ

おれだって
やれる

ちなみに
ふつうのナマコも
一応 泳げなくはない

ユメミルナマコ

…が1時間で
5mくらいしか
進めない

つかれた

ゲンジツ＋マコ

オニヒトデ
サンゴの悪夢（あくむ）

全身をトゲで武装（ぶそう）した
肉食性（にくしょくせい）の大（おお）きなヒトデ！

トゲには毒（どく）があり
刺（さ）されると激痛（げきつう）！
最悪（さいあく）死（し）亡する

胃（い）を口（くち）から
押（お）し出（だ）して

えものの
サンゴなどに
かぶせる

うらがえすとこうなる

世界遺産（せかいいさん）の
美（うつく）しいサンゴ礁（しょう）
「グレートバリアリーフ」…

英語名（えいごめい）は
「イバラの冠（かんむり）」

かわいい
小鳥（ことり）さん♡

オニヒトデ
姫（ひめ）

ボリ
ボリ
サンゴ

なんとその40％を
オニヒトデが
死滅（めつ）させて
しまったという…！

ムシャ
ムシャ
グワーッ

カラフルなサンゴ礁（しょう）も死（し）ぬと白（しろ）くなってしまう

いかにも強（つよ）そうに武装（ぶそう）した
オニヒトデだが思（おも）わぬ敵（てき）がいて…？

ヒトデは体（からだ）から管足（かんそく）とよばれる細（ほそ）い管（くだ）
がのびていて、先（さき）に吸盤（きゅうばん）がついている。
この管足（かんそく）で歩（ある）くことができるんだ。オ
ニヒトデは、えさのサンゴを求（もと）めて、
1日（にち）に70m近（ちか）くも移動（いどう）するぞ。

ヒマワリ

オニ
ヒトデ

ごろい

大（おお）きさ　30〜60cm

分類（ぶんるい）	オニヒトデ科（か）	えもの	サンゴなど	生息地（せいそくち）	西太平洋（にしたいへいよう）、インド洋（よう）

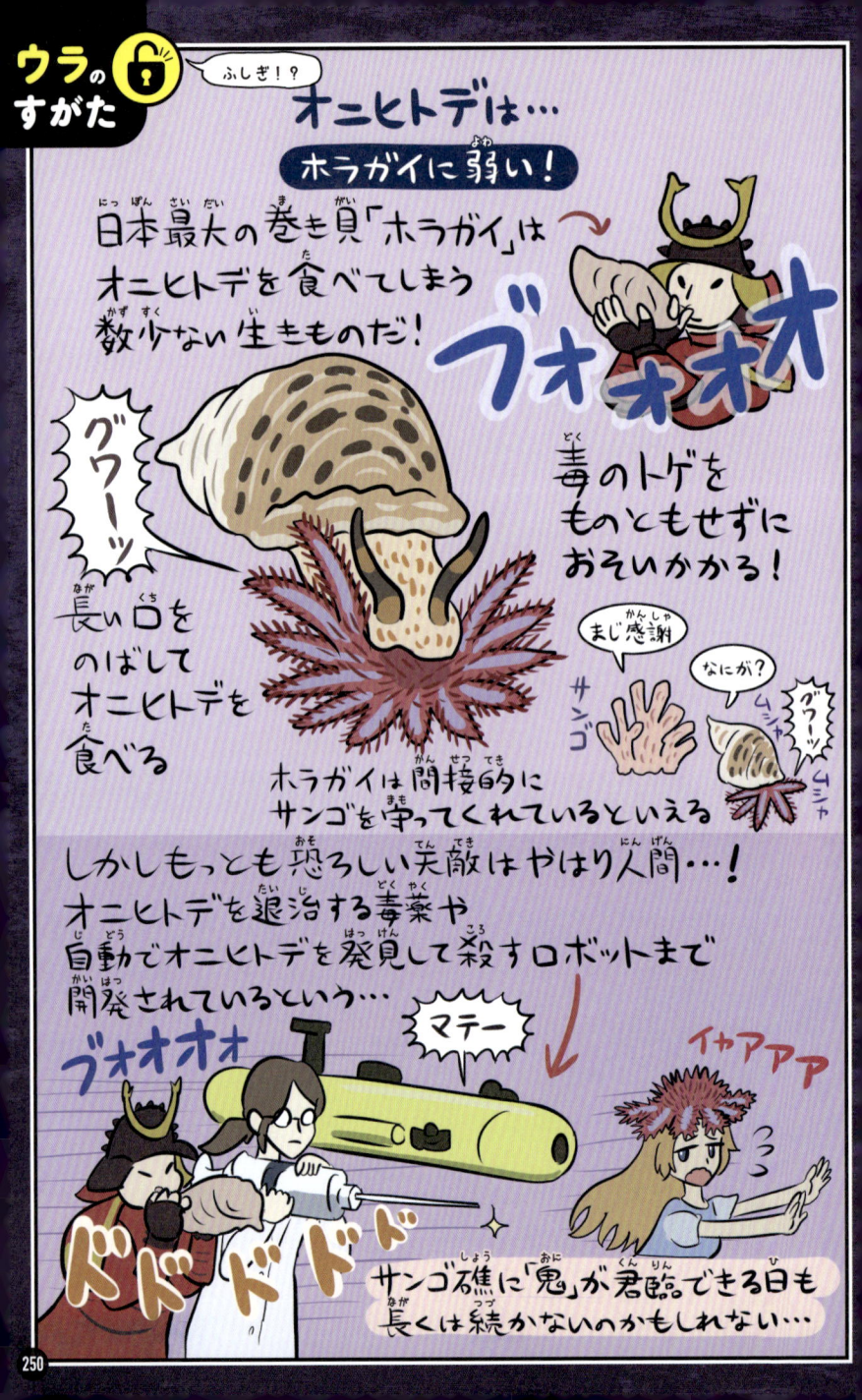

ふしぎ！？

オニヒトデは…
ホラガイに弱い！

日本最大の巻き貝「ホラガイ」は
オニヒトデを食べてしまう
数少ない生きものだ！

ブォォォォ

グワーッ

毒のトゲを
ものともせずに
おそいかかる！

長い口を
のばして
オニヒトデを
食べる

まじ感謝

なにが？

サンゴ

グワーッ
ムシャムシャ

ホラガイは間接的に
サンゴを守ってくれているといえる

しかしもっとも恐ろしい天敵はやはり人間…！
オニヒトデを退治する毒薬や
自動でオニヒトデを発見して殺すロボットまで
開発されているという…

マテー

ブォオオオ

イャアアア

ドドドドド

サンゴ礁に「鬼」が君臨できる日も
長くは続かないのかもしれない…

キロネックス

オーストラリアの殺人クラゲ

**120年間で数千人を死に至らしめてきた
地球最強レベルの毒をもつクラゲ!**

ふつうの
クラゲは
目がなく
海を漂う
だけ

いいもん
それで
フン

キロネックスには
24個もの目があり
積極的に
狩りを行う
「傘」の部分を使って

泳ぐ方向とスピードを
コントロールできる

時速5〜7kmで
泳げるぞ

ウワーッ

オーストラリアには
警告の標識も…

触手にある
目に見えないほど
小さな刺胞から
毒が出るぞ!
刺されると激痛で
ショック状態になり
おぼれて死ぬ
可能性が高い…!

生き残れても
刺された傷は
大変なことに…

まって
〜

まっかい

人間の泳ぐ
速さは
約4.8Km

スイ

海はひろい
な〜
と

**オーストラリアウンバチクラゲとも呼ばれる
(「ウンバチ」とは海の蜂のこと)**

これで
安心

キロネックスは世界に2種いて、オー
ストラリアウンバチクラゲという種が
最強の猛毒のもち主だ。触手にある
刺胞から出る毒はクラゲの意思に関係
なく、触れただけで出てくる。

海でのるなよ

大きさ 30cm(傘の直径)

分類	えもの	生息地
ネッタイアンドンクラゲ科	魚、甲殻類	オーストラリアなど

キロネックスは最強の毒をもつが…
ウミガメには食べられてしまう…！

キロネックスの世界最強レベルの毒も
クラゲの毒がきかない
アカウミガメには
まったく通用しない！
あっさりと
食べられてしまうぞ

のどごし
さわやか

ちゅるり

ウワーッ

また最近では毒に対抗する薬も開発され
クラゲが海水浴場に近づけないよう
スティンガーネットというアミをはるなどの
対策によって死亡事故は入っている

ウワーッ

キロネックスの脅威は少しずつ
減少していると言えるだろう…

ふわ

一方でキロネックスを食べる
ウミガメはビニール袋を
クラゲとまちがえて

じゅるり

ふわ

飲みこんで窒息死してしまうことがある

平気で海にゴミをすてる人間の無神経さこそが
地球で最強の「毒」なのかもしれない…

ヤレ
ヤレ

かない
ませんな

ウワーッ（←あいさつ。）

まるで**イモムシ**が**チョウ**になるかのごとく、というのはさすがに言いすぎですが、とにかく完全変態ならぬ大幅リニューアルを遂げて生まれ変わった『**ゆかいないきもの㊙図鑑DX**』、お楽しみいただけたでしょうか。

「**今回初めて読んだキッズだぜ！**」」という読者さんも、「**前に読んだときはキッズだったけど今じゃすっかり大人料金だぜ！**」という読者さんも、「**そもそもいきものが大好きな大人だぜ！**」という（私みたいな）読者さんもいらっしゃると思いますが、どんな人にも幅広く楽しんでもらえる本になるようがんばりました。この激動の世の中を、**すばらしき「いきもの」たちといっしょに生きていくための ゆかいなガイドブック**として、折に触れて読み返してくださいね。

この本をまたしても力を合わせて作り上げた編集者やデザイナーの方々、分厚い本の監修を快く務めてくださった柴田さん、その他さまざまな面でお世話になった皆さん、そして誰より、この本を手にとってくださった、**ゆかいでデラックスな読者の皆さん**、本当にどうもありがとうございました！

ぬまがさワタリ 🐾

さくいん

著者・イラスト ぬまがさワタリ

ゆかいないきものと素敵なカルチャーを愛する作家／イラストレーター。『ぬまがさワタリのゆかいないきもの超図鑑』（西東社）、『図解なんかへんな生きもの』（光文社）、『なんてこった！絶滅どうぶつ図鑑』（PARCO出版）、『ふしぎな昆虫大研究』（KADOKAWA）など著書多数。国立科学博物館・特別展「鳥」での図解展示、水族館や動物園とのコラボ企画展など、紙面を飛び出したイベントも人気を博している。
Xアカウント：@numagasa

生物監修 柴田佳秀（しばた よしひで）

1965年生まれ。東京農業大学農学部卒業。昆虫生態学専攻。卒業後テレビ自然番組のディレクターとして北極やアフリカなど世界中の自然を取材。「生きもの地球紀行」「地球ふしぎ大自然」などのNHKの自然番組を数多く制作する。2005年にフリーランスとなり、図鑑の執筆や講演などを行っている。おもな著書・執筆に『ふしぎ!?なんで!?ムシおもしろ超図鑑』（西東社）、『動く図鑑MOVE危険生物』（講談社）などがある。

デザイン	村口敬太
編集協力	三橋太央

※本書は、当社刊『ぬまがさワタリのゆかいないきもの㊙図鑑』（2018年5月発行）をページを増やして再編集し、書名・価格等を変更したものです。

ぬまがさワタリのゆかいないきもの㊙図鑑DX

2025年4月25日発行　第1版

著　者	ぬまがさワタリ
発行者	若松和紀
発行所	株式会社 西東社

〒113-0034　東京都文京区湯島2-3-13
https://www.seitosha.co.jp/
電話　03-5800-3120（代）

※本書に記載のない内容のご質問や著者等の連絡先につきましては、お答えできかねます。

ISBN 978-4-7916-3411-8